探索与发现 奥秘
TANSUO YU FAXIAN AOMI

在宇宙遨游

李华金◎主编

时代出版传媒股份有限公司
安徽美术出版社
全国百佳图书出版单位

图书在版编目（CIP）数据

在宇宙遨游/李华金主编 . —合肥：安徽美术出版社，
2013.3（2021.11重印）　（探索与发现 . 奥秘）

ISBN 978－7－5398－4268－4

Ⅰ.①在… Ⅱ.①李… Ⅲ.①宇宙－青年读物②宇宙－
少年读物 Ⅳ.①P159－49

中国版本图书馆 CIP 数据核字（2013）第 044156 号

探索与发现 · 奥秘
在宇宙遨游

李华金 主编

出 版 人：王训海

责任编辑：倪雯莹

责任校对：张婷婷

封面设计：三棵树设计工作组

版式设计：李　超

责任印制：缪振光

出版发行：时代出版传媒股份有限公司

　　　　　安徽美术出版社（http://www.ahmscbs.com）

地　　址：合肥市政务文化新区翡翠路 1118 号出版传媒广场 14 层

邮　　编：230071

销售热线：0551-63533604　0551-63533690

印　　制：河北省三河市人民印务有限公司

开　　本：787mm×1092mm　　1/16　　印　张：14

版　　次：2013 年 4 月第 1 版　　2021 年 11 月第 3 次印刷

书　　号：ISBN 978－7－5398－4268－4

定　　价：42.00 元

　　宇宙是由空间、时间、物质和能量所构成的统一体，是一切空间和时间的总和。一般理解的宇宙指我们所存在的一个时空连续系统，包括其间的所有物质、能量和事件。对于这一体系的整体解释构成了宇宙论。20世纪以来，西方根据现代物理学和天文学，建立了关于宇宙的现代科学理论，称为宇宙学。

　　宇宙是如何起源的？空间和时间的本质是什么？这是从2000多年前的古代哲学家到现代天文学家一直都在苦苦思索的问题。经过了哥白尼、赫歇尔、哈勃的太阳系、银河系、河外星系的探索宇宙三部曲，宇宙学已经不再是幽深玄奥的抽象哲学思辨，而是建立在天文观测和物理实验基础上的一门现代科学。

　　根据相对论，信息的传播速度有限，因此在某些情况下，例如在发生宇宙膨胀的情况下，距离我们非常遥远的区域中我们将只能收到一小部分区域的信息，其他部分的信息将永远无法传播到我们的区域。可以被我们观测到的时空部分称为"可观测宇宙"、"可见宇宙"或"我们的宇宙"。应该强调的是，这是由于时空本身的结构所造成的，与我们所用的观测设备没有关系。

一般认为，宇宙产生于 150 亿年前一次大爆炸中。大爆炸后 30 亿年，最初的物质涟漪出现。大爆炸后 20 亿～30 亿年，类星体逐渐形成。大爆炸后 100 亿年，太阳诞生。38 亿年前地球上的生命开始逐渐演化。大爆炸散发的物质在太空中飘游，由许多恒星组成的巨大的星系就是由这些物质构成的，我们的太阳就是这无数恒星中的一颗。

　　根据天文观测和宇宙学理论，可以对可观测宇宙未来的演化做出预言。宇宙在大爆炸后的膨胀过程是一种引力和斥力之争，爆炸产生的动力是一种斥力，它使宇宙中的天体不断远离；天体间又存在万有引力，它会阻止天体远离，甚至力图使其互相靠近。多年来，人们认为，物质的引力会导致宇宙的膨胀减速。虽然物质的密度小于临界密度，宇宙的几何却是平直的，也即宇宙总密度应该等于临界密度。并且，膨胀正在加速。这些现象说明宇宙中存在着暗能量。不同于普通所说的"物质"，暗能量产生的重力不是引力而是斥力。在存在暗能量的情况下，宇宙的命运取决于暗能量的密度和性质，宇宙的最终命运可能是无限膨胀，也可能是渐缓膨胀趋于稳定，或者是与大爆炸相对的一个"大坍缩"，或者也可能不断加速膨胀，成为"大撕裂"。目前，由于对暗能量的性质缺乏了解，天文学家还难以对宇宙的命运做出肯定的预言。

　　近几年来，一批西方的天文学家发表了关于"宇宙无始无终"的新论断。他们认为，宇宙既没有"诞生"之日，也没有终结之时，而就是在一次又一次的大爆炸中进行运动，循环往复，以至无穷的。至于"宇宙无始无终"的新论是否正确，科学家认为，过几年国际天文学界可望对此做出验证。

CONTENTS

目录

在宇宙遨游

天外来客

未解之谜

宇宙知识面面观

　　"宇宙"一词，最早出自《庄子》这本书，"宇"代指的是一切的空间，包括东、南、西、北等一切地点，是无边无际的；"宙"代指的是一切的时间，包括过去、现在等，是无始无终的。宇宙的形状现在还是未知的，一般理解的宇宙指我们所存在的一个时空连续系统，包括其间的所有物质、能量和事件。根据大爆炸理论，宇宙产生于150亿年前一次大爆炸中。

宇宙有多大

　　宇宙是指无边无际的空间和这空间中存在的各种各样的天体和弥漫物质，还包括无穷无尽的时间。宇宙是空间与时间的总称。宇宙，又是天地万物的总称。它是由物质构成的，又是不断地运动着的。宇宙在时间上是无始无终的，在空间上是无边无垠的。人类对宇宙的认识顺序是从地球到太阳系，再到银河系，进一步到河外星系。宇宙中的天体有各种各样的形态，有着发生、发展和衰亡的过程。但作为总体的宇宙却是永无休止的。但是，即使宇宙整体是无限的，宇宙的可观测部分仍是有限的。由于相对论限定光速为宇宙中信息传播的最高速度，如果一个光子从大爆炸时开始传播，那么到今天传播的故有距离为 930 亿光年。由于宇宙在膨胀，相应的共动距离约为其 3 倍，具体数值与宇宙学参数有关，这一距离被称为今天宇宙的粒子视界。

浩瀚的宇宙

寒冷的宇宙空间

　　在很久以前，宇宙的温度大概有 1×10^{13}℃以上，可是，现在宇宙空间的温度已经低到 -270℃，可真算是冷极了。

　　为什么呢？因为宇宙现在正在膨胀。由于气体有一种性质，它在膨胀的时候，只要不给它加热，它的温度就会逐渐降低。这样一来，宇宙空间的温度就越来越低了。但是，这个温度是星系与星系之间的空间温度，不是说宇宙中任何地方都是这样。在有些地方，比如在太阳上，在恒星上，温度都是很高的，有摄氏几千度，甚至摄氏几万度。可是我们知道宇宙实在是太大了，而且它还在不断变大，尽管有那么多恒星在发光发热，却抵挡不住宇宙的黑暗和寒冷，哪怕是把那里的温度升高1℃都办不到。现在宇宙还在膨胀，将来宇宙也许会收缩。到那时，宇宙的温度就会上升了。这是否是正确的推断，还需要科学家们继续研究。

知识小链接

星　系

　　星系是宇宙中庞大的星星的"岛屿"，它也是宇宙中最大、最美丽的天体系统之一。到目前为止，人们已在宇宙观测到了约1000亿个星系。它们中有的离我们较近，可以清楚地观测到它们的结构；有的非常遥远。目前所知最远的星系离我们有将近150亿光年。

▶ 五彩缤纷的极光

在自然界里，有一个五彩缤纷，异常美丽的现象——极光。1957年的一个傍晚，在我国黑龙江省北部，突然升起一团霞光，然后变成弧形光带。那闪亮的光弧，越升越高，越变越强，直升上万里高空，就像许多彩绸一样抛向天空，这就是极光。

极　光

为什么会出现极光现象呢？

有科学家认为，极光是太阳辐射出来的带电粒子与稀疏大气的分子相互冲击的结果。由于空气是由氧、氮、氢、氖等气体组成，所以在带电微粒流作用下发出的光就不同。我们常见的极光颜色有橘红色、黄绿色。极光的颜色深浅不一，光弧的形状各异，就使得天空辉煌瑰丽，色彩纷呈。极光一般出现于地球两极，因为太阳黑子活动强烈，从而产生了强大的带电粒子并使空气分子或原子被激活而产生极光，当这种带电微粒受到地球磁场的作用，就折向地球的南北两极。在高纬度的国家或地区如在加拿大、俄罗斯、北欧的北部，一年中可以多次欣赏到美丽的极光，真是太幸福了。

你知道吗

第一个提出地球磁场理论概念的人

历史上，第一个系统地提出地球磁场理论概念的是英国人吉尔伯特。他在1600年提出一种论点，认为地球自身就是一个巨大的磁体，它的两极和地理两极相重合。这一理论确立了地球磁场与地球的关系，指出地球磁场的起因不应该在地球之外，而应在地球内部。

互相"吞食"的天体

　　天文学家曾预言：如果有两颗星球彼此靠得十分近，那么其中一颗就可能被另一颗吞食掉。现在，这种天文现象已经被科学家的观测所证实。

　　原来，宇宙中的星球有很多是两颗星相互绕转。星球吞食现象，大多发生在靠得很近、相互绕转的双星中。双星之间互相吸引，两者距离较近，在轨道上运行速度不断加快。当这种现象到一定程度，其中一颗星开始膨胀，它的内层就会向外层延展，这对于它的伴星来说，犹如一张大网，只要伴星向网靠拢一步，就会被其俘虏，在天文学家的眼中，这颗伴星就被吞食了。被吞食的星球，从此就失去了能量，在这两颗星球周围就会出现一个圆环或行星状星云。不仅星球之间互相吞食，星系之间也会相互吞食。这些现象天文学家用射电望远镜都曾观测到，并有记载下来。

🔲▶ 无法被治罪的破坏者

虽然地球被稠密的大气层保护着以避免遭受撞击，但有史以来，陨星还是在不断撞击着地球，从而在地球上形成了大量的陨石坑。其中有一些在地面上很容易被观察到，另一些则只能从远距离的卫星照片上看到。据科学家说，目前地球上已经确定了100 多个撞击坑的位置，每年还要新增 3 ~ 5 个。所有星体创痕都可看到冲击波所造成的撞击痕迹，但在撞击地点有可能看不到陨石碎片，那是由于在陨石落到

拓展阅读

风化作用及其类型

风化作用，是指地表或接近地表的坚硬岩石、矿物与大气、水及生物接触过程中产生物理、化学变化而在原地形成松散堆积物的全过程。根据风化作用的因素和性质可将其分为三种类型：物理风化作用、化学风化作用、生物风化作用。

地面之前即已在空中气化，或者已被风化作用彻底消除。在许多情况下，冲击波十分强有力，陨星在大气层中即已被分解，陨石坑与其他痕迹都是由冲击波独立完成的。地球上某些陨石坑的历史只有几千年，它们都很小，直径小于 0.5 千米，几乎遍布于全球，如俄罗斯、澳大利亚、阿根廷和美国。

陨石的质量很大，哪怕是一小块降到地球上，也会产生巨大的冲击力。因此，它往往会给人类带来一定的危害。1971 年的一天清晨，美国康涅狄格州的一个家庭被一声巨响惊醒了。后来发现他家屋顶上有一个洞，一块重达340 克的石头落到卧室里。8 年后，同一城市里又有一块 2500 克重的陨石击穿了另一户人家的屋顶。

有关科学家认为，这两块陨石可能是从同一母体分裂出来的。在美国，类似这样撞击建筑物的记录已达 20 多起。另外，也发现了陨石击死动物和击伤人的事件。1954 年秋天，美国有一位妇女在沙发上午睡时，被一颗陨石击

中。在此之前，陨石的速度被屋顶、卧室天花板减慢，陨石又在无线电收音机上弹跳了一下，而且她身上盖了两条被子，但该妇女还是被这4千克的石头打得又青又肿。但也有有趣的事，1992年，一颗球粒陨石在落地之前击穿了一辆雪佛莱汽车的车身。当汽车所有者发现它时，它仍然是热的，还闻得出硫黄味。这辆汽车因"奇遇"而身价倍增。

星际风暴

在风和日丽的日子，我们很难想到大气层外的宇宙空间却是另一番景象，那里风暴频繁猛烈。这些风暴比我们常见的台风要强大千万倍。在太阳系中，这种风暴被称为太阳风。

太阳大气的最外层叫日冕，主要由高度电离的质子和电子组成。当太阳向外传播热量时，日冕受高温膨胀而不断地向外抛射粒子流，形成了太阳风。太阳风异常强大，在地球附近，它的速度达到450千米/秒。一旦太阳表面出现剧烈活动，太阳风风速便可超过1000千米/秒。这种猛烈的风暴每秒钟可将100万吨物质从太阳表面带走，当然这对硕大无比的太阳来说是微不足道的。在太阳近50亿年的生命中，由于太阳风而逃逸的物质还不到它全部质量的百万分之一。天文学家通过现代仪器观测，认为在浩瀚宇宙中，在其他许许多多的星际间也刮着这种"星际风暴"。这种"星际风暴"对恒星和行星都有着很大的影响。

知识小链接

太 阳 风

太阳风是从恒星上层大气射出的超声速等离子体带电粒子流。在不是太阳的情况下，这种带电粒子流也常称为"恒星风"。太阳风是一种连续存在，来自太阳并以200～800千米/秒的速度运动的等离子体流。

🔎 天空中到底有几个太阳

中国有一个古老的神话，叫作"后羿射日"。传说在远古的尧帝时代，天上一下子出现了 10 个太阳！真不得了啦，江河枯竭了，草木禾苗枯死了。在这种危急时刻，尧帝命神箭手后羿射掉多余的太阳。结果，后羿把 9 个太阳纷纷射落在地，只剩下一个太阳在天上。这个传说是真是假，已无法考证，但天空中出现多个太阳的奇景却有多人亲眼目睹。

如 1981 年 4 月 18 日清晨，在海南岛东方桥的人看到这样一个奇迹：那天早晨，红艳艳的太阳已升上天空，人们习惯性地抬头一望，天空中居然有 3 个太阳，除了东方的一个，相隔数米的西边居然还有 2 个太阳，3 个太阳之间还有一条绚丽的彩环相连。真有那么多太阳吗？当然不是，太阳是独一无二的。原来，这是大气变的戏法。这种现象在科学上

三日同辉

称为晕。在离地面 6 ~ 8 千米的空气中，无论冬夏都存在大量的冰晶体，它们有着不同的形状，当太阳光照射到这些冰晶上，就会像照在玻璃三棱镜上一般被折射，或者像射在镜面上被反射出去。由于阳光被折射后偏折出不同角度的光，就会在太阳周围形成光环晕，从而出现太阳的孪生幻影。

🔎 彗星的 "仓库"

彗星是令人炫目的天上奇观。在我国古代对彗星就有过记载了。可是每年都有几颗以前从未记录过的彗星突然闯入太阳系的内圈。它们是从哪里来的呢？1950 年，荷兰天文学家奥尔特通过对彗星轨道的统计研究，提出了一种看法：尽管彗星距离太阳很远，但它们仍是太阳系的成员。他认为在平均距离 2 万天

美丽而神秘的彗星

文单位（天文学中距离的基本单位，其长度接近于日地平均距离）处存在着一个储存彗星的"仓库"——奥尔特云。这彗星"仓库"虽然从来没有被看到过，但许多天文学家认为有强有力的证据可以证明这个"仓库"的存在。在那里，有多达 1 亿~1 万亿颗彗星在飞动着。另外，美国天文学家杰拉德·柯伊伯也提出，宇宙中存在着另一个彗星带，那里彗星数量多达 10 万亿颗，被称为柯伊伯带，此带位于海王星外面的空间深处，比奥尔特云要近得多。柯伊伯带的两名成员在 1992 年和 1993 年被人识别出来，其后此带中的其他成员又有被陆续发现的。彗星带中的微量冰粒由于其密度低与周期长，所以无法聚合成行星。它们的轨道也有可能受到干扰而改向太阳系内圈活动。这样，我们就可以见到它们了。

水星上的"海"与"冰川"

我们在照片上看到水星表面最大的地形特征是盆地，直径约 1300 千米，四面是高出周围平原达 2 千米的山峦，这个盆地在水星表层北纬 30°西经 195°的地方，每当"水手 10 号"飞越该盆地时，水星正好运动到它的轨道上的近日点，这个盆地恰好处在日下直射点，温度骤升，成为水星最热的地方，也是太阳系所有行星表面最热的地方。人们给

拓展阅读

地球上最大的盆地

人们把四周高（山地或高原）、中部低（平原或丘陵）的盆状地形称为盆地。地球上最大的盆地在东非大陆中部，叫刚果盆地或扎伊尔盆地，面积约 337 万平方千米。这是非洲重要的农业区，盆地边缘有着丰富的矿产资源。

它取名为"卡路里盆地"。盆地貌似月球上的"月海",因此也称它为水星上的"海"。宇宙奥妙无穷,常会有人们意想不到的事发生。在没有液体水,没有水蒸气的水星上,却发现了"冰川"。冰山直径 15～60 千米,多达 20 处,最大的可达到 130 千米,都是在太阳从未照射到的火山口内和山谷之中的阴暗处,那里的温度是 −170℃ 左右。温度在 −100℃ 的极地也隐藏着 30 亿年前生成的冰山。由于水星表面的真空状态,冰山每 10 亿年才溶化 10 米左右。关于"冰山"形成的原因还有待于进一步研究。

◑ 火星的特殊地貌

火星的地貌是独一无二的。首先,火星上有最高大的火山——奥林匹斯火山。高大雄伟的奥林匹斯火山比周围的火星表面平均高度高出 25 千米,比地球上最高的珠穆朗玛峰高约 8.85 千米,要三个珠穆朗玛峰相叠才有奥林匹斯火山那么高。奥林匹斯火山的火山口也宽广无比,直径有数百千米。地球上拥有最大火山口的火山在日本,火山口宽 27 千米。奥林匹斯火山之高大是雄居太阳系火山之冠的。另外,火星上有最壮观的峡谷——水手谷。水手谷由一系列峡谷所组成,长 4000 千米,从

"海盗 1 号"登陆器所摄地景

边缘到峡谷底深达 6 千米,这是人类知道的最深长的峡谷。美国著名的科罗拉多大峡谷总长 446 千米,最深处约 2 千米,简直不能和水手谷相提并论。如果把火星大峡谷搬到中国的话,它大约可以从拉萨延伸到上海,是长江三峡的 20 倍长。

火星峡谷成为火星的标志，是地球上能够看到，又果真存在的唯一标志。而且，由于观测者在火星上发现了"水"，这就使寻找火星生命的科学家们信心倍增。

天王星也有光环

天王星光环

很久以来，我们只知道土星有美丽的光环。但是如今已经证实，天王星也有光环，它是继土星之后发现的第二个带环行星。

天王星曾在 1977 年 3 月 10 日，在一颗微弱的恒星前通过，这种现象叫掩食。这对天文学家来说是非常难得的观测机会。中国和美国等 5 个天文台的天文学家们在预报的时间内耐心地等待着。可是，奇怪的是，在预定开始发生掩食前半小时，那颗暗星连续五次从视野中短暂消失，又被"掩食"了。接着发生土星掩食现象，这以后半小时，那颗暗星又连续五次时隐时现地又被"掩食"了。科学家们估计说：天王星可能被 5 个窄环包围着。后来，"旅行者 2 号"飞越天王星时，发现天王星共有 11 道光环。但是，天王星的光环却不能与土星美丽的光环相提并论。土星光环又亮又宽，天王星的光环却又暗又窄。天王星光环是由黑黑的岩石块和小固体块组成的，这些石块是太阳系里最黑的物质。我们在地球上看不到它。天王星每个光环都很细窄，在 10 ~ 100 千米，结构也很简单。

恒　星

恒星是由炽热气体组成的，能自己发光的球状或类球状天体。由于恒星离我们太远，不借助于特殊工具和方法，很难发现它们在天上的位置变化，因此古代人认为它们是固定不动的星体。

➡️ 最遥远的天体——类星体

1963 年，天文学家发现了一种很奇特的天体，它们在望远镜中看起来是个小光点，像是恒星，但又不是通常的恒星，人们就把它们叫作"类星体"。它们是已知的最遥远的天体。例如，最近发现的一颗类星体，据推算它距离我们有360 亿光年。光年是光在一年的时间里跑的距离。这个类星体距离我们有 360 亿光年之远，它们的光来到地球上就得花 360 亿光年的时间，这就是说，我们今天看到的这个类星体的光，实际是它在 360 亿年前发出来的。太阳系的年龄不过是

距地球 90 亿光年的类星体

近 50 亿年，而人类历史就更短了，只有 200 万～300 万年。这样看来，这个类星体的光在太阳系，在人类未出现前就在以每秒 30 万千米的速度，一刻不停地奔跑着，奔跑了 360 亿年，才让我们得以见到它。类星体的体积很小，它们的直径只有普通星系的十万分之一或百万分之一。但是它的发光本领却大得惊人，计算表明，一颗类星体竟能发出几百万个银河系的能量，而银河系所发出的能量是相当于 1500 个太阳所发出的能量，也就是说，它所发出的

能量相当于几十亿颗太阳所发出的能量。

光 年

基本小知识

光年是长度单位之一，指光在真空中一年时间内传播的距离，大约94.6千亿千米。光年一般用在天文学中，用来量度很大的距离，如太阳系跟另一恒星的距离。光年不是时间的单位。

◉➤ 潮汐是怎样形成的

潮汐是指海水周期性的涨落现象。海水每昼夜大约有两次涨潮和退潮。海水涨潮时，淹没了大片海滩；海水退潮时，岸边的礁石和沙滩又都显露出来，在海滩上留下了五光十色的贝壳和各种鱼蟹。

为什么会出现这种现象呢？科学家们认为产生这种现象是因为月球在起作用。星球间互有引力，在月球对地球的引力作用下，海水隆起上涨。与此同时，地球在不停地自转，海水随着地球的移动而移动，隆起的部分交替产生。背对着月球的那一面海水也同时隆起，所以，地球自转一周的一个昼夜里，海水大约经历两次隆起和两次低落，呈现出一种有规律的节奏性变化。在潮汐的涨落过程中主要起作用的是月球，同时太阳也起一定作用。但太阳引潮力比月球引潮力要小。当潮汐发生时，会产生翻江倒海、吞天没日的壮观景象，所以古人有"春江潮水连海平，海上明月共潮生"的诗句。

◉➤ 生灵的"保护神"——臭氧

在浩瀚无边的宇宙中，到目前为止，除地球外，人类还没有找到适合人类生存的星球。万千生灵生存在地球上，人们往往会想到太阳的功劳，它赐给万物光和热。但是，人们却很少谈到太阳对地球上万物所造成的威胁。原来，太阳是一个巨大的不停地发出强大的紫外线、X 射线等辐射线的星体。而这些辐射足以杀死一切生物。为什么万千生灵会安然无恙？原来是得益于臭氧的保护。

在地球的外围空间，从地面到 1000 千米左右的高空，形成了地球的大气层，距地面 11~60 千米的高空为平流层。在平流层中，有一个厚度约为 10 千米左右的臭氧层。据科学家测量，臭氧平均只占大气的 1/100，浓度低。但是，它却对地球上的生物起着巨大的保护作用。臭氧，又称三原子氧，它能强烈地吸收太阳发射的绝大部分紫外线和 X 射线，使地球上的生灵免受射线伤害。所以，人们称臭氧是生灵的"保护神"。

你知道吗

紫外线的发现

紫外线是电磁波谱中波长从 10~400 纳米辐射的总称，是肉眼所无法观察到的。1801 年，德国物理学家里特发现在日光光谱的紫端外侧一段能够使含有溴化银的照相底片感光，因而发现了紫外线的存在。

◖ 神秘的磁暴现象

有一个有趣的故事：一位电报员夜间坐在电报机前值班，周围是一片黑暗与寂静。突然电报机响起来，并收到一些断断续续的、令人莫名其妙的信号。而白天时，也曾经有过一种外力把信号扰乱了，妨碍收发电报的工作。电报机上的这种奇怪事件，曾经引起了许多猜测。但是，后来人们明白了真相，原来这些都是因为磁暴现象的影响。

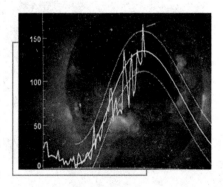

磁 暴

在20世纪60年代，科学家们用空间探测器证实了太阳风的存在。当太阳上面有大的爆发现象，特别是强烈的耀斑出现时，太阳风带电微粒急聚增加。由于地磁场的作用，太阳风里相当一部分的带电微粒，沿着磁力线回旋在地球南、北磁场附近的高空中。这样，处在高层大气中的各种气体原子和分子会受到带电粒子的撞击、电离和激发，从而使之产生出一种类似于充气管所出现的辉光，这便是极光现象；与此同时，在地球的磁场里往往会发生明显的磁暴现象，带来的影响有电讯中断或者指南针的磁针发了疯似的乱转等。

拓展阅读

太阳耀斑的观测特征

太阳耀斑的主要观测特征：日面上（常在黑子群上空）突然出现迅速发展的亮斑闪耀，其寿命仅为几分钟到几十分钟，亮度上升迅速，下降较慢，特别是在耀斑出现频繁且强度变强的时候。

🔽 旋涡星系

旋涡星系

漩涡星系是指具有旋涡状结构的河外星系。从外表看，它就像从靠近中心比较亮的雾核中伸出的旋涡星系臂，像钟表发条那样，沿着旋涡形围绕核旋转。它的中心区为透镜状，周围绕着扁平的圆盘，因此，又把它叫作透镜星系。旋涡星系通常有一个结构稀疏的晕，叫作星系晕，笼罩着整个星系。再往外可能还有更稀疏的气体球，称星系冕。星系的质量是太阳质量的 10 亿～1000 亿倍。典型的旋涡星系是仙女座星系 M31。它距我们约 220 万光年，用肉眼能看到它像飘浮着的薄云。星系的中间部分像固体轮子那样在旋转，距离中心越远，旋转速度越低。星系的直径大约是 18 万光年，其质量大约为太阳质量的 4000 亿倍，其中可能有 4000 亿颗恒星。旋涡星系的旋涡形状，最早是在 1845 年，科学家观测猎户座星系 M51 时被发现的。旋涡星系可分为正常旋涡星系和棒旋星系。正常旋涡星系又可分为三种，分别用 a、b、c 表示，正常旋涡星系用字母 S 标，Sa 型中心区最大；Sb 中心区较小；Sc 型中心区为一个亮核。

👁 有趣的椭圆星系

椭圆星系是指形状呈圆球形或椭圆形的河外星系。它们看起来就像球状星团，不过规模更大。它的中心区最亮，向边缘逐渐变暗。椭圆星系中含有很多恒星，但没有或仅有少量星际气体和星际尘埃。椭圆星系的质量差别很大，质量最小的矮星系（指光标度最弱的一类星系）与球状星团相当，质量最大的超巨型星系可能是宇宙中最重的恒星系统，它的重量相当于 10 亿个太阳的质量。

椭圆星系

知识小链接

河外星系

河外星系，简称为星系，是位于银河系之外、由几十亿至几千亿颗恒星、星云和星际物质组成的天体系统。目前已发现大约 10 亿个河外星系。人们估计河外星系的总数在千亿个以上，它们如同辽阔海洋中星罗棋布的岛屿，故也被称为"宇宙岛"。

椭圆星系用字母 E 表示。在其中很有趣的是最亮最大的星系 M87，它是处女座星系团中主要的星系。这个巨大的星系周围围绕着几百个球状星团。这些球状星团在照片上因距离太远，很难将其同恒星区别开来。这个巨大的星系的中心有一个极亮的核心，颜色较蓝，表明其中心有一个大质量的十分致密的天体，很可能是黑洞。M87 不仅有固定的喷射流现象，也有向四面八方的喷射流现象。

你知道吗

黑 洞

黑洞是一种引力极强的天体，就连光也不能逃脱。当恒星的半径小于史瓦西半径时，就连垂直表面发射的光都无法逃逸了。这时恒星就变成了黑洞。说它"黑"，是指它就像宇宙中的无底洞，任何物质一旦掉进去，"似乎"就再不能逃出。由于黑洞中的光无法逃逸，所以我们无法直接观测到黑洞。然而，我们可以通过测量它对周围天体的作用和影响来间接观测或推测到它的存在。

不规则星系

不规则星系是指外形不规则，没有明显的核和旋臂，没有盘状对称结构，也没有旋转对称性的星系。它在全天最亮星系中，只占 5%。该星系可分为两类：一类有隐约可见、不很规则的棒状结构；一类无定形的外貌，分辨不出恒星和星团等组成部分，而且往往有明显的尘埃带。不规则星系具有中等的和小的光度，它们多数是矮星系。不规则星系的平均绝对星等是 −14 等，直径为 0.65 万 ~ 2.9 万光年。麦哲伦云是至今发现的最亮最大的不规则星系。它的尘埃含量少，年轻恒星多。它离银河系很近，又与银河系有物理上的联系，因此有人认为它是银河系的伴星，是麦哲伦在环球航行时发现的。麦哲伦云分为大麦哲伦云和小麦哲伦云，前者距我们 17 万光年，后者距我们 20 万光年，直径分别为银河系的 10% 和 20%。近来，发现大、小麦哲伦星云之间，被由氢原子组成的气体"桥"连接起来。并且有人认为银河系，大、小麦哲伦云，这三个星系构成了三重星系。

🔭 蟹状星云

蟹状星云位于金牛座，距地球约6500 光年，直径约 5 ～ 10 光年。科学家认为它是天文学家在 1054 年 7 月 4日最早观测到的超新星的遗迹。因为形状与螃蟹相似，它在 19 世纪中叶获得了蟹状星云的名称。1921 年科学家发现它仍在膨胀，且膨胀的速度约为1100 千米/秒。在 1968 年，科学家发现蟹状星云有颗脉冲星。这说明当核心温度更高时会产生大量中微子，中微子的逃逸会带走大量能量，从而使核心部分突然变冷，引力超过压力，

蟹状星云

使恒星内部坍缩而形成中子星。释放的引力把外壳急速抛出而形成超新星爆发。并且，中子星后来还不断向外发射能量，与外壳继续发生相互作用，从而使遗迹具有很强的光度，向外膨胀的速度很快。蟹状星云虽然是在接近1000 年前的宋代发现它的爆发，但现在遗迹所发现的光竟比太阳光还要强1000 倍。

知识小链接

中 子 星

　　中子星，即质量没有达到可以形成黑洞的恒星，在寿命终结时坍缩形成的一种介于恒星和黑洞之间的星体，其密度比地球上任何物质的密度大相当多倍。

星 团

星团是指由十颗以上的恒星组成的，彼此又具有物理联系的天体系统。许多较亮的星团，用肉眼或小型望远镜就能看到。看上去，它们就像一个模糊的亮点。

哈勃望远镜下的球状星团 M1

星团可分为球状星团和疏散星团两种。整体像圆形中心密集的是球状星团，结构松散形状不规则的是疏散星团。不同的星团形成于不同的时代，经历了不同的演化过程，而且组成星团的恒星也各有特点。有的恒星会因为种种原因脱离星团集体而单独行动，也会有一些外来的天体突然闯入星团。星团是用一些天文学家所编的星表，和表中所载的编号放在一起命名的。1784年，梅西耶把空中 103 颗位置固定但又很模糊的天体编成星表，以免与彗星混淆。

1888 年，德雷耶尔又编了一个《星云星团新总表》，简称 NGC 星表，搜集了 7840 个星云和星团等延伸天体。后来又发表 NGC 星表的补编，简称 IC 星表，包括 5386 个天体。另外，一些亮星团还有自己的专门名称，如昂星团等。

你知道吗

星云的主要成分

星云包含了除行星和彗星外的几乎所有延展型天体。它们的主要成分是氢，其次是氦，还含有一定比例的金属元素和非金属元素。近年来的研究还发现含有有机分子等物质。

➡️ 星　协

　　星协是指由光谱大致相同的恒星组成的，彼此具有物理联系的，比星团稀疏得多的恒星群。此概念是阿姆巴楚米扬于 1947 年提出的。星协和星团相似，但并不相同，星协是由物理性质相近，光谱型大致相同（即恒星的表面温度相同）的恒星组成，结构不密集。星团则是由各种不同物理性质和光谱型各不相同的恒星组成，结构较密集。星协分两种：一种是由 O 型星和 B 型星组成的，叫 O 星协或 OB 星协，直径是 100~600 光年。另一种是由金牛座 T 型变星组成的星协，叫作 T 星协，直径在 10~300 光年，其中常见的有目视双星。星协是一种年轻的天体，年龄只有几百万年。目前已发现 60 多个 O 星协，20 多个 T 星协。

　　奇妙的是，在某些空间区域内既有 O 星协又有 T 星协，非常热闹壮观，著名的猎户座星协就是这样的例子。这个星协夹杂在一团巨大而稀薄的氢气云中，距离太阳大约是 1500 光年。而且，在这个星协中，大量的氢气云里夹杂着大量的年轻恒星，说明恒星产生了气体云这个看法的正确性。

➡️ 星系团

　　星系团是指由几十个到几千个彼此有一定联系的星系组成的集团。从星系中发现靠近星系团的中心有凝聚现象，在它的附近常常有它的最亮最大的成员星系。有两个星系在一起的叫作双重星系，有三个以上的星系在一起的叫多重星系。有时，把不超过 100 个星系组成的星系团叫星系群。平均而言，每个星系团包含有 130 个星系，但有的却有上千个。星系团按形态可分为规则星系团和不规则星系团。规则星系团大致呈球形，它有一个星系非常密集的中心区。不规则星系团结构松散，没有一定的形状，也没有明显的星系集中区。科学家认为，由于在大量的星系团中有许多尘埃，在那儿，它把比较遥远的星系团遮挡起来，不让我们看见它们。距离我们最近的有室女座星系团、后发座星系团等。室女座星系团包含 2500 多个星系，距离约7000 万光年；后发座星系团的中央星系密集区包含 1000 多个星系，距离我们大约 4 亿光年。

知识小链接

室 女 座

室女座是黄道星座之一，每年的春季太阳落山不久，它就出现在东方的地平线上。在春夏两季的夜空中室女座一直吐放着它的光芒。在全天 88 个星座中，它是仅次于长蛇座的大星座。

▶ 阻隔牛郎织女的 "天河"

我国古代认为银河是天上的河流，并流传着牛郎织女被银河阻隔，每年七月初七鹊桥相会的神话故事。其实，我国古代还给银河起了很多好听的名字，如天河、天汉、银汉、星河等。而银河则是现代天文学家给它起的正式的名字。据科学家观测，银河是由无数颗亮度微弱的恒星组成的。由于银河是恒星大荟萃，所以又把它称为"银河系"，银河系中大约有 2000 亿颗恒星。太阳系也属于这个"银河系"之列，但并不是"银河系"的中心，它离银河系中心还有 3 万光年的距离。由于太阳不在银河中心部分，所以看起来银河系中各部分并不都一样亮。而在人马座周围的恒星的亮度都很强，那是因为银河系中心就在人马座的方向上。

欣赏银河的最好时光是初秋和夏夜。在夏夜（7 月）22 时左右去欣赏银河是很合适的。当你在夏夜的户外观察天空，如果晴空无月，你会看见一条又宽又明亮的带子横贯天穹，这就是"天河"。

具有最强磁场的天体——脉冲星

脉冲星是指具有短周期脉冲辐射的恒星，是 20 世纪 60 年代发现的又一种新型天体。1967 年，休伊什和贝尔发现了第一个脉冲星。脉冲星的发现被誉为 20 世纪 60 年代天文学的四大发现之一，休伊什因此获得了 1974 年度诺贝尔物理学奖。脉冲星发光的原因是因为它会发射无线电波或者别的射线。它

你知道吗

20 世纪 60 年代的"四大天文发现"

20 世纪 60 年代天文学的一系列发现和所取得的进展中，有 4 项被认为特别重要，它们是：星际分子、类星体、微波背景辐射和脉冲星。它们被誉为是 20 世纪 60 年代中的"四大天文发现"。

从两侧相对应的两块很小的地方发出电波或射线，别的地方是发不出光束的，所以发不出光束的地方是暗的。脉冲星自转的时候，就是利用它们的"探照灯"扫过天空，使我们地球上的仪器能接收到信号，好像一下一下地发讯号，脉冲就是这样形成的。脉冲星和别的天体相比，有许多奇异的性质。它是一种高速自转的天体，贝尔他们发现的第一颗脉冲星，是每隔一秒钟接收到一个脉冲讯号。就是说，这颗脉冲星自转时间是一秒钟。脉冲星表面温度高达 1×10^7℃。它的能量大约是太阳辐射能量的 100 万倍。它是目前所知的具有最强磁场的、超强辐射的奇异天体。

脉冲星

宇宙射电源

宇宙射电源简称射电源，是指宇宙中能发射无线电波的天体。1932年，科学家在研究越过大西洋的无线电通信的静电干扰时，在短波接收机上，"捕捉"到了一种十分微弱的噪声。几年以后，人们了解到太阳也在发射电波。迄今为止，人类已经发现了3万多个射电源。但在这些射电源中，能精确地定出位置，找出与之相对应的光学天体的大约只有几百个。其中只有少数是恒星，绝大多数是星云（射电星云）和星系（射电星系）。

天鹅座A射电源是至今为止所知道的最强的天体射电源之一。它位于天鹅座中，故得此名。天鹅座A射电源是河外星系的天体，距离我们约100亿光年。通过巨型光学望远镜可以看到，在天鹅座A射电源的位置上，有两个暗弱的星系连在一起，也就是说，从外表来看，它是一个双星系。这个射电源在向四侧抛射大量物质，并且规模很大。天鹅座A发出的射电源能量估计为10.45尔格/秒（1尔格＝10^{-7}焦），比太阳所发出的全部能量还大10.11倍。

知识小链接

光学望远镜

光学望远镜是用于收集可见光的一种望远镜，并且经由聚焦光线，可以直接放大影像进行目视观测或者摄影等，特别是指用于观察夜空，固定在架台上的单筒望远镜，也包括手持的双筒镜和其他用途的望远镜。

大爆炸宇宙模型

人们对于宇宙演化的假设有许多种。大爆炸宇宙模型是其中一种。大爆炸宇宙模型是认为宇宙当初处于超高温，超高密的状态，之后发生大爆炸膨胀成为现今宇宙的一种宇宙演化理论。这是在 20 世纪 40 年代发现了太阳的巨大能源来自热核反应后，天文学家伽莫夫把宇宙膨胀论和基本粒子的运动联系起来，从而提出了这种宇宙模型。这种理论认为，宇宙早期是一个温度为上万亿度并且密度比水的密度大百万亿倍以上的原始大火球。之后，火球发生了迅猛的大爆炸，宇宙开始膨胀。宇宙的辐射温度和物质密度迅速下降。当温度降到 1×10^{10}℃时，原先宇宙中的中子、质子、电子、光子等基本粒子相互结合形成各种元素。当温度降低到 1×10^{6}℃后，形成化学元素的过程结束，物质都以等离子体的状态存在。当温度降到 4000℃时，等离子体复合为气体，由于宇宙不断膨胀，温度继续降低，气体凝聚形成星系、星系团、恒星，从而逐渐演化为今天看到的宇宙。

◤▶ 宇宙尘埃的价值

当一阵风刮过或一辆车疾驰而过时，街道上顿时扬起一些细小的灰土，在阳光下弥漫着，我们把这些小灰土称为尘埃。在地球上尘埃是令人厌烦的污染物，然而，科学家发现，在茫茫的宇宙中，尘埃竟无处不在。这个发现让科学家们如获至宝，并给太空中的尘埃定名为"宇宙尘埃"。

基本小知识

彗　星

彗星，中文俗称"扫把星"，是太阳系中一类小天体。由冰冻物质和尘埃组成。当它靠近太阳时即为可见。太阳的热使彗星物质蒸发，在冰核周围形成朦胧的彗发和一条稀薄物质流构成的彗尾。由于太阳风的压力，彗尾总是指向背离太阳的方向。

科学家们为什么对宇宙尘埃这样感兴趣呢？原来，他们认为，人类可以从这些细微的宇宙尘埃中揭示太阳系乃至整个宇宙的演变过程，甚至可以因此揭开生物起源的奥秘。1998 年 2 月 6 日，美国航天局发射了"宇宙尘埃"号太空探测器，这枚探测器除了收集宇宙尘埃外，还要收集一颗彗星发射出的颗粒。在这之后的 7 年中，"宇宙尘埃"号太空探测器环绕太阳运行三周，采集星际尘埃。在收集好宇宙尘埃后，"宇宙尘埃"号探测器带着有宇宙尘埃的容器返回地球。这样，科学家们可用最精密的显微镜及其他仪器来细致地研究宇宙尘埃。宇宙物质形成之谜就真相大白了。

银河系的诞生

银河系

银河系是太阳系所在的恒星系统，包括大量恒星、星团星云、星际气体和星际尘埃。银河系的物质密集部分组成了一个圆盘，这个圆盘好像一个扁平的盘子，我们称其为银盘。银盘中心隆起的球形部分叫银河系核球。核球中心有一个很小的物质高度集中的区域，叫作银核。银盘外面是一个范围广大，近乎球形的结构，叫作银晕。银晕外面还有银冕，银冕也大致成球形。银河系大概是这样形成的，100亿～200亿年之前，在漫无边际的宇宙深处，有一个庞大的星系际云块，它一边自转，一边收缩，在收缩过程中分裂成了三个云块，一个大云块和两个小云块。其中那个大云块就形成了银河系。在气体密度高的中心附近，气体云进一步分裂成许多微小的云块，这些微小的云块逐渐形成了恒星，开始在宇宙空间发光。在外侧，气体云和尘埃没形成恒星，由于银河系整体的自转而逐渐落向银河系的自转面，从而形成了目前的银盘。但这些外侧气体仍在相互碰撞着，逐渐演变成包围中心的薄圆盘。

🔾▶ 恒星演化的 "三部曲"

　　恒星的一生中充满着爆炸、分化和组合，其演化要经历三个阶段：

　　早期阶段，气体星云在引力作用下形成恒星。由于宇宙中弥漫着许多很稀薄的星际物质，它们在受到扰动后，会聚集为星云。密度足够大的星云在自身引力作用下，不断收缩而使温度升高。等到中心温度升高到 1×10^7℃ 左右时，氢聚变为氦的热核反应所产生的巨大能量，使其内部压力增加到足以和引力相抗衡时，星云便不再收缩，成为一颗正常的恒星。

✒ 知识小链接

核 聚 变

　　核聚变是由较轻的原子核在一定条件下发生原子核互相聚合作用生成较重的原子核，同时释放出巨大能量的核反应。为此，较轻的原子核需要能量来克服库仑势垒，当该能量来自高温状态下的热运动时，聚变反应又称"热核反应"。

　　于是恒星进入另一个新的阶段——恒星中期。在此阶段，其内部进行热核反应，使恒星发光，一种核反应接着另一种核反应，直到核燃料消耗完毕。这时恒星便形成温度低、颜色红、体积大的红巨星。

　　恒星到了晚年阶段，核反应结束了，在引力作用下，恒星发生激烈的坍缩和爆炸，形成各种致密天体。

　　这就是恒星演化的"三部曲"。

🔾▶ 天狼星

　　天狼星又称大犬座 A。它是大犬座中的一颗双星（德国天文学家贝塞耳在 1844 年宣布天狼星是一颗双星）。天狼星双星中的亮子星是一颗比太阳亮

23 倍的蓝白星。距太阳约 8.6 光年。天狼星的伴星是美国天文学家克拉克在 1862 年最先发现的，这颗伴星（天狼 B）用大望远镜就可以看见，是第一颗被发现的白矮星（颜色是白的，和天狼星的颜色一样，但是它的个头矮小，故给它起这个名字）。迄今为止，这类星已经有 1000 多颗被找到了，但是在银河系中没有被发现的白矮星还有很多。天狼星的视星等有 − 1.47，使其成为夜空中最亮

你知道吗

白矮星命名的由来

　　白矮星，是一种低光度、高密度、高温度的恒星。因为它的颜色呈白色，体积比较矮小，因此被命名为白矮星。白矮星是一种晚期的恒星。

的恒星，是目视双星中的典型代表（目视双星是指通过望远镜，用人眼或照相机能够直接分辨出由 2 颗子星所组成的双星。到目前为止，已发现的目视双星有 3 万多对）。它的轨道周期大约是 50.1 年。

▶ "魔星" ——大陵五

　　在英仙星座有一个奇怪的双星系统，叫大陵五，古代阿拉伯人叫它"魔星"。这是因为它的亮度明显地变化不定，有时变暗，有时变亮，让人难以捉摸，变幻莫测。"魔星"为什么有时亮有时暗？原来它是一颗交食双星。双星的 2 颗子星在互相绕着转，当一颗子星转到另一颗子星面前时，就把另一颗子星遮住了一部分，使它变暗了。但是不会被完全遮住，所以不会完全看不见。等这颗星转过去后，另一颗星就又亮了。这情形就像月亮掩食太阳形成的日食一样。科学家已发现，"魔星"每 2 天 20 小时 40 分就会变光一次，它的 2 个子星相距 2000 万千米，离我们有 150 亿光年。

　　"魔星"是我们最先发现的一颗交食双星。这个秘密是由英国一位年轻的天文爱好者发现的，他当时还不满 18 岁，而且天生聋哑，只活到了 21 岁。他克服困难长期坚持观察大陵五。终于发现大陵五原来是个亮度有规律的、

周期性变化的双星，从而对天文学作出了重大贡献。

➤ 耀 星

耀星是指几秒到几十秒内亮度突然增强，经过十几分钟或几十分钟后又慢慢复原的一类特殊的变星。它们的亮度在平时基本上不变，亮度增强时有的可增到百倍以上。但这样的亮度只能维持十几到几十分钟，看起来好像一次闪耀，所以取名为耀星。

所有已知中的绝大多数的耀星都是既小又冷的红矮星。光度很低，耀亮时间短。所以，我们只能看出离太阳较近的耀星。太阳附近的耀星同太阳的耀斑活动很相似（但规模比太阳耀斑活动大得多）。因此，有的科学家认为耀星是由于恒星上的耀斑爆发造成的。现在已经发现的太阳附近的耀星有近100颗，在一些星团或星协中也发现了耀星，其中昴星团区发现最多，达460多颗。猎户座大星云区则有300多颗，仅次于昴星团区。

但实际上，耀星的实际数目很多。耀星表面存在局部活动区，耀亮就发生在这些区域，并且在同一区域可以多次发生耀亮，而且从理论上推算，耀星表面存在强磁场。据估计，银河系的恒星中，80%～90%可归入耀星的范畴。

能爆发的恒星——新星

新星，全称为"经典新星"。我国古人称它们为"客星"。它是能爆发的一类恒星。爆发时，光度能暂时上升到原来正常光度的数千乃至上万倍。在爆发后的几个小时内，新星的光度就能达到极大，并且在数天内（有时在数周内）一直保持很亮，随后又缓慢地恢复到原来的亮度。这种恒星爆发前一般都很暗，肉眼看不到。当爆发时，光亮的突增会使它们在夜空中很容易被看到。对于观测者来说，这种天体就好像是新诞生的恒星，所以称之为新星。新星爆发几年、几十年或者几百年后又会触发新的爆发。

拓展阅读

天鹅座

天鹅座为北天星座之一。每年9月25日20时，天鹅星座升上中天。夏秋季节是观测天鹅座的最佳时期。有趣的是，天鹅座由升到落如同天鹅飞翔一般：它侧着身子由东北方升上天空，到天顶时，头指南偏西，移到西北方时，变成头朝下尾朝上没入地平线。

在银河系中，目前已观测到的新星大约是200个，在其他星系中也找到了不少新星。通常是在星座前面加英文字母N，在后面加爆发年代来给新星命名的。例如，1975年发现的天鹅座新星用NCyg1975来表示，其中Gyg是天鹅座的略号。新星按光度下降速度可分为快新星（NA）、中速新星（NAB）、慢新星（NB）和甚慢新星（NC）。爆发不止一次的新星叫再发新星，再发新星比较少见。

会"眨眼"的恒星

在晴朗的夜晚看星星时，怎么数都数不过来。我们肉眼能看到的星星绝大多数都是恒星。它们都和太阳一样，本身能发光发热。恒星看上去就像一群调皮的孩子在眨眼睛一样，一闪一闪地跳动。恒星为什么会"眨眼"呢？这是地球周围的大气造成的。地球周围有一层厚厚的大气，各个地方的疏密程度不一样，而且大气又不是静止不动的，大气层中总有气流在流动，这就使得各个地方大气的疏密程度都在变化。光线是直线传播的，但是当光从一种物质中传播到另一种密度不同的物质中的时候，它的传播方向就会改变，也就是光线走的路会发生偏折，这种现象叫作光的折射。恒星发出的光穿过大气层的时候，由于各个地方的大气密度不同，就会折射。同时，又由于各个地方的大气密度在不断变动，这就使得星光偏折的方向不是固定的，一会儿左，一会儿右，一会儿前，一会儿后。这样，到达我们眼睛中的星光就会一下强，一下弱，所以我们就会觉得恒星忽明忽暗，好像会眨眼一样。

👁▶ 星族

　　星族是银河系中年龄、化学物质组成、空间分布与运动特性较接近的恒星集合。星族可分为：星族Ⅰ星和星族Ⅱ星（理论上还有星族Ⅲ星，但在银河系内未曾发现）。这两类星是按它们的相对年龄来区分的，后者比前者要老得多。当宇宙充满着氢和氦的气体时，星族Ⅱ星就已出现了。它们的体内几乎不含重元素（比氦重的元素）。它们辐射出来的能量来源于氢和氦等较轻的原子核的聚变反应。到聚变物质耗尽时，这些星就不再发光了。星族Ⅱ星死亡时，它们的物质都散布到宇宙空间。这些尘埃的一部分最终合并到新形成的星族Ⅰ星中。

📎 知识小链接

原 子 核

　　原子核是由带正电荷的质子和不带电荷的中子构成。原子中，质子数等于电子数，因此正负抵消，原子就不显电。原子是个空心球体，原子中大部分的质量都集中在原子核上，电子几乎不占质量，通常忽略不计。

宇宙中的物质就是这样死而复生地往复循环着。虽然星族Ⅰ星中的大部分物质是氢和氦，但它也含有重元素，约占其质量的1%～2%。这些较重物质是较轻元素聚变产生的。太阳是星族Ⅰ中的一员，它体内就含有曾经属于前一代恒星的物质。当然，也可以从星族Ⅰ星和星族Ⅱ星的天区位置来区别它们。银河系的外形像一个飞碟，星族Ⅰ星主要分布在银盘内，星族Ⅱ星则大多位于银河星系的中心核球和包围着此核球的银晕中。

超新星对人类的重要作用

超新星

超新星是某些恒星在演化接近末期时经历的一种剧烈爆炸。天文学家们认为超新星与生命有关，若没有超新星，就不会有人类，地球上就没有生命，而地球本身也不会存在。在宇宙刚刚诞生时，只有氢和氦两种最简单的元素存在着。早期的星体是由氢和氦组成的，但星体核心有可能存在着更为复杂的微粒，如二氧化碳、氧、氮、硅等，甚至一些更为复杂的元素，如铁。即使一颗星体变成了红色巨星，而后又塌陷了，这些元素也仍然能留在聚缩的核心里，而只有当"超新星"爆炸时，这些复杂的元素才能散射到空间，并同宇宙中的气状云雾混在一起，形成尘埃。当一颗星体从这样的"被污染过的云"中生成时，就形成了"第二代星"即星族Ⅱ星，它们的组成中包含着这些复杂的元素。太阳就属于"第二代星"，地球上每个原子及我们身体内的每个原子都曾是爆炸的星体核心中的一部分。没有"超新星"，太阳系可能只有氢和氦，地球和地球上的生命可能也不会存在。可见，超新星与人类的关系太密切了。

👉 一主一仆相伴而行的双星

在宇宙中，双星是天文学家所珍爱的星体。因为，它们为天文学家测定恒星的大小、形状、密度、质量、距离等提供了方便条件，为研究恒星内部的结构、爆发以及恒星间的各种相互作用提供了有利条件，并且为研究许多恒星的演化提供了宝贵的样品。说来说去，什么是双星呢? 双星是指在宇宙中，表面看上去是一对的，或者两星彼此确实有物理联系，而且彼此距离非常近的两颗星。其中较亮的一颗叫主星，较暗的一颗叫伴星。也有把质量大的叫主星，质量小的叫伴星。总之，双星犹如一主一仆在广阔的宇宙中相伴而行。在恒星世界中，双星是很普遍的现象，它是规模最小的恒星集团。据研究，在太阳周围 5.2 秒差距（约 17 光年）的范围内共有 60 颗恒星（包括太阳），其中有 33 颗单星，双星就有 11 对，共 22 颗。双星的颜色是五彩缤纷的，双星的子星更是五花八门，而且在星协、星团、星云和河外星系中，也都发现有双星的存在。

👉 "定地"恒星——天鹅座 61 号

天鹅座 61 号是人类发现的第一颗有伴星的恒星。它的 2 个子星互相绕转的周期约为 650 年，质量大约是太阳质量的 1/100。它是人类第一批测出的恒星与地球之间距离的恒星之一。而且，自那以后，天鹅座 61 号就被当作一颗"定地"恒星，名气日益大起来了。

天鹅座 61 号与地球的距离是 1837 年贝赛耳计算出来的。他运用恒星视差的方法，测算出天鹅座 61 号距地球 523 000 个天文单位（1 个天文单位相当于日地间的平均距离——大约 15 000 万千米）。贝赛尔之后的天文学家继续测量恒星距离，他们进入的空间越来越深，发现的恒星距地球越来越远，天文单位不再是衡量天体间距离的尺度。光的传播速度是每秒钟 300 000 千米

——这是已知宇宙中任何粒子或能量流所能达到的最大速度。一光年就是光在一年中传播的距离——大约10万亿千米。天鹅座61号距地球是10.9光年。这个测算结果曾使公众大为震惊——它离我们太遥远了。然而，现在看来，天鹅座61号还算是我们的近邻呢！

天 体

基本
小知识

　　天体是指宇宙空间的物质形体。天体的集聚，从而形成了各种天文状态的研究对象。天体，是对宇宙空间物质的真实存在而言的，也是各种星体和星际物质的通称。人类发射并在太空中运行的人造卫星、宇宙飞船、空间实验室、月球探测器、行星探测器、行星际探测器等则被称为人造天体。

◆ "量天尺" ——造父变星

造父变星

　　造父变星是一类高光度周期性脉动变星，其亮度随时间呈周期性变化。把造父变星称为"量天尺"是名副其实的。因为当我们发现一颗造父变星，只要测到它的光变周期，利用周期光度关系可以得出造父变星的平均绝对星等，再由观测定出它的视星等，我们就可以计算出它所在星团或星系的距离。造父变星有什么本领能担此重任呢？

　　因为这类变星的典型星叫造父一，所以称为造父变星。变星连续两次变亮的时间增强和减弱，使它们在繁星中易于定位和再定位。造父变星的周期与光度之间有着很重要的关系：即造父变星的光变周期越长，其光度就越大。这种光变周期与它的光度使之属于巨星和超巨星一类天体。一颗 30 天周期的造父变星平均比太阳亮 4000 倍，一颗 1 天周期的造父变星，平均也比太阳亮 100 倍。因此，即使它们离太阳很远，也都能被人们看到。

◖◗ 暗星云为什么是 "黑" 的

1784 年，赫歇尔父子最先发现明亮的银河中有一些黑斑和暗条。从天鹅座开始，好像有一条"巨大的裂缝"纵贯银河系，要把银河系劈成两半似的。这片广大的暗区就是气体和尘埃组成的一块暗星云。其实，在广阔的银河系中这种黑暗星云简直不计其数。至于说到暗星云为什么黑，这是因为暗星云中含有大量的微小固体颗粒，它们吸收了从它们背后射来的星光，阻挡可见光线的传播，从而使背景星光减弱。暗星云是一种既不反射光，自身也不发光的气体云。另外，我们知道暗星云中含有的微小固体颗粒即"星际尘"的直径只有 0.1 ~ 1 微米，它的密度远比汽车排出的气体要稀薄得多。既然如此稀薄，又为什么显得黑暗呢？这是因为在巨大的宇宙中，暗星云周围没有亮星。尽管 1 立方米空间只有一粒直径 1 微米的星际尘，远远地遥望上去，看到的星际尘也像被重叠地排列起来，它的结果就是使观测者完全看不到遥远的那一侧。因此，看上去它就是黑的。

知识小链接

弗里德里希·威廉·赫歇尔

弗里德里希·威廉·赫歇尔，英国天文学家，古典作曲家，音乐家。恒星天文学的创始人，被誉为"恒星天文学之父"。英国皇家天文学会第一任会长。法兰西科学院院士。他用自己设计的大型反射望远镜发现天王星及其两颗卫星、土星的两颗卫星、太阳的空间运动、太阳光中的红外辐射；编制成第一个双星和聚星表，出版星团和星云表；还研究了银河系结构。

多种多样的星星

晚上看星星的时候，觉得所有的星星都"长"得一模一样，没有什么区别。但是，假如你仔细地观察，就可以发现，它们彼此是大不相同的。最显著的不同点是星星的颜色，有的像一团火，或者说像红色信号灯那样闪烁着，天蝎座就是这样；猎户或织女星都发出白色的光。这是因为它们表面的炽热程度各不相同。太阳表面温度约6000℃，比太阳还要炽热的星放白色的光；和太阳热度不相上下的放黄色的光；表面温度比太阳低的放红色的光。星和星之间的区别不仅在于颜色，有些看上去好像是单个的星，实际上是两个、三个或更多聚在一块放光，因为距离远，我们肉眼看好像只有一颗星。另外，有的星亮度比较稳定，有的亮度在不断变化。亮度变化的星也不一样，有的从亮到暗，从暗到亮，很有规则；有的就不大有规则。总之，星星也都是各不相同的。

什么是亮星云

1694年，一位科学家看到并描述了猎户星座中的一个明亮的模糊区域，它看上去像一片发光的云，后来被称为星云。现在，我们称其为猎户星云。这就是一个亮星云，它是一个巨大的由尘埃和气体组成的云状物，它的宽度大约有30光年。如果把整个太阳系即从太阳到最远的彗星，放入到猎户星云中，太阳系将消失在星云的无限空间中，甚至它能够轻松地容纳太阳及其附近的12颗恒星。

亮星云是指较亮的星云，只能见于时亮的恒星附近。它之所以亮，是因为这个星云中含有星星，星云本身是不发光的。如猎户星云中包含着许多星星，激发了氢气，使之发出绿色的光辉。它的直径达300光年，但其中只有直径为27光年的一小部分被照亮，所以被我们看到，但这部分对我们人类来说已经是太大了。其实，从总体上来说，按星云发光方式不同，可分为发射星云（星云中间有一颗非常炽热的恒星，星云吸收此星的紫外辐射后再发射可见光辐射），反射星云（反射近处亮星云）两种。

◆ 天空中的 "流浪汉" ——行星

行星通常是指自身不发光，环绕太阳或其他恒星运动的天体（彗星、流星或卫星除外）。绕太阳公转的已知八大行星，分别是水星、金星、地球、火星、木星、土星、天王星、海王星。

行星本身不发光，因表面反射太阳光而发亮，有颜色特征和亮度变化，在群星之间时现时隐，时进时退，人们称之为天空中游荡的天体。行星可以有不同

你知道吗

太阳系中运动最快的行星

水星，中国古代称为辰星。它是太阳系中的类地行星，其主要由石质和铁质构成，密度较高。自转周期很长，为58.65天，自转方向和公转方向相同。水星在88个地球日里就能绕太阳一周，是太阳系中运动最快的行星。

的分类。以地球轨道为界，地球轨道以内的行星称地内行星，如水星、金星；地球轨道以外的木星、土星、天王星、海王星和冥王星就称为地外行星。以小行星带为界，靠近太阳的水星、金星、地球、火星称为内行星；远离太阳的木星、土星、天王星、海王星、冥王星就称为外行星。还有一种根据质量、大小来分，类似于地球的水星、金星、火星和地球称类地行星；其他星（冥王星例外）都类似于木星，又称为类木行星。近年来的观测说明，行星可能不是太阳系特有的，太阳系以外的其他恒星也有可能拥有行星系统。

◆ 躺着旋转的行星——天王星

天王星的自转轴可以说是躺在轨道平面上的，倾斜的角度高达98°，所以说天王星是太阳系里唯一躺着绕太阳旋转的行星。它是太阳系八大行星之一

（"巨行星"之一），是18世纪杰出的天文学家赫歇耳在他的私人观测台用自制望远镜观测到的，也是人类发明望远镜以后发现的第一个太阳系大天体。它的直径大约是地球的4倍，质量大约是地球的14.5倍，密度是水星的1.15倍。天王星的化学组成70%是氢，其余主要是氦。天王星的轨道是一个偏心率为0.047的椭圆，距太阳的平均距离为19.18个天文单位，公转周期约是84.01年。迄今为止已知天王星有27颗卫星，这些卫星都在天王星赤道面附近。如果在较好的观测条件下，用10厘米望远镜就可以看到天王星的外貌呈绿色，有人甚至发现天王星表面有模糊的斑痕。有人认为它的核心是由岩石物质组成的，其中含有金属铁或铁的化合物。核心以外是由水冰和氨冰组成的冰幔。冰幔以外是分子氢层，再向外就是厚厚的大气层。大气质量大约只有行星总质量的20%。天王星的四季和昼夜不同于地球，受到阳光照射的半球是"夏季"，背着太阳照射的半球，便是"冬季"。

没有空气的小行星世界

小行星是沿椭圆轨道绕太阳运行不易挥发出气体和尘埃的小天体，体积和质量比行星小得多。正是由于小行星的质量小、引力小，因而上面没有大气。没有大气的小行星世界是十分"古怪"的。

首先，不管是白天、黑夜，天穹永远像一个巨大无比的乌黑的黑丝绒帷幕。白天的时候虽然阳光灿烂，可是就在它身旁不远处，万千星星就像五光十色的宝石在闪闪发光！没有了空气，人们就再也见不到妩媚动人的晨曦晚霞，五光十色的闪电，震撼大地的响雷……其次，由于没有空气，小行星上也是万籁无声的死寂世界。因为我们平时听见的各种声音都是靠空气传播的。在真空中声音失去了传播的媒介，任凭你敲锣打鼓，也只像是在看无声电影。最后，没有大气的世界当然不会有江河湖海之类的液态水，因为在真空的条件下，液态水会逐渐挥发变为气态而逃逸到宇宙空间。

所以，小行星上既没有空气，又没有液态水，是不会有生命存在的。即使我们把生命移植过去，因为它没有电离层和臭氧层两种"保护衣"，生命也无法生存。

◐▶ 失踪一百年的小行星

19 世纪时，由于科学技术不先进，所以常常无法将行星的轨道算精确，这就导致刚发现的小行星可能会失踪。

其中著名的一件"失踪"案是小行星"茜娜"失踪案。1875 年 11 月 9 日凌晨，寻找小行星的权威帕里沙，在白羊座附近发现了一位新"客人"。当时他估计其亮度大约在十二等，并马上把它调节到了测微十字丝的中心位置，但仅仅过了 40 分钟，就发现它已悄悄离开了十字丝中心，向东移了一小段。显然，这是一个小行星。他马上向柏林皇家天文台发了电报。同年 11 月 16 日柏林的报纸也正式报道了帕里沙的发现，并为这个新成员取名为茜娜。茜娜是《荷马史诗》中的一个女妖，她有 6 个头颅，12 条腿，经常兴风作浪危害船只。当然那只是一个神话传说，但现在这个名为茜娜的小行星却真和天文学家开起玩笑来了，仅仅过了 2 周，这个小行星就失踪了。不管天文学家们如何观测都再也找不到这个小行星了。等到一个德国神父再次找到这个小行星时，已是 20 世纪 60 年代了。这个小行星几乎丢失了整整 100 年。

拓展阅读

荷马史诗

《荷马史诗》是由古希腊盲诗人荷马创作的两部长篇史诗《伊利亚特》和《奥德赛》的统称。两部史诗都分成 24 卷。这两部史诗最初可能只是基于古代传说的口头文学，靠着乐师的背诵流传。它作为史料，不仅反映了前 11～前 9 世纪的社会情况，而且反映了迈锡尼文明。它再现了古代希腊社会的图景，是研究早期社会的重要史料。

☞ 月亮从哪边升起

月亮是夜空中最引人注目的天体，民间称其为月亮婆婆。在希腊神话中它是月神"阿忒弥斯"，与太阳神"阿波罗"是孪生兄妹。谁都知道，太阳是东升西落的，日复一日没有间断过，而月亮有时却不上班，而且有时圆，有时缺，有人可能还搞不清月亮是从哪方升起的。其实，月亮和太阳一样也是东升西沉，但是只有在地球进入黑夜时才能看到月亮，白天哪怕月亮在你头顶上也是看不出的。因为月亮没有太阳明亮，月亮出没的规律，是太阳、月亮、地球三者在运行中所处相对位置不同而产生的。在一个农历月中，月亮出没的时间以及它在天空中的位置每天都不同。如月初的娥眉月是黄昏在西方看到的，而月末则发现在东方。初三、初四的娥眉月，在上午9时从东方升起，晚上9时才在西方下沉，其间大部分是白昼，我们看不到它，而在黄昏后发现它时，它挂在西方，并逐渐下沉，所以有人认为初三、初四的娥眉月是西方升起的。而初七、初八的上弦月中午12时从东方升起，半夜在西方下沉，所以当人们在黄昏发现它时，它已在南方并逐渐西沉，人们又以为它是从南方升起的。

☞ 行星际物质

行星际物质是指太阳系行星际空间存在着的极稀薄的气体和极少量的尘埃。行星际空间虽然空空荡荡，好像是空无一物，但实际上，在地球轨道附近的行星空间，每立方厘米空间含有5个正离子、5个电子，还有从太阳、行星及太阳系外来的电磁波。行星际物质的主要来源是太阳风，也可看作是日冕的延伸。此外，彗星的碎裂，小行星的瓦解，流星体和宇宙尘埃等也都可以成为行星际物质。电子、质子以及氦、碳、氮和重元素的核，都是行星际物质的质点。其中电子和质子的数量最多。这些物质在太阳大气中本来就有，当太阳风高速向外流动，遇到行星际气体时就停留在那里，形成了行星际物质。地球上可以观测到一些行星际物质造成的现象。例如每当春季黄昏后，秋季黎明前不久，在中纬度和低纬度地区的人，可以看到西方地平线上（秋季在东方地平线上）有一个淡淡的三角形光锥，这就是黄道光。黄道光是由散布于黄道附近的行星际尘埃粒子散射太阳光造成的。另外，彗星的彗尾中的结点加速度很大，这种加速度是由高速太阳风吹动气体彗尾中的物质引起的。

知识小链接

电 磁 波

电磁波又称电磁辐射，是由同相振荡且互相垂直的电场与磁场在空间中以波的形式移动，其传播方向垂直于电场与磁场构成的平面，有效地传递能量和动量。电磁辐射可以按照频率分类，从低频率到高频率，包括有无线电波、微波、红外线、可见光、紫外光、X 射线和伽马射线等。

📼 地球的起源

地球的起源，实际上是与太阳系的起源密不可分的。有关地球起源的问题，到现在人们还是说法不一。人们正在进一步地探索、研究有关地球起源问题。关于地球起源，人类迄今所提出的各类假说大体上可划分为两类，即灾变论和演化说。

灾变论认为，太阳系是由一次激烈的偶然灾变产生的，而演化说则认为太阳系是有条不紊地逐步演变而成的。历史上，持这两类假说的人们各不相让，互相对峙，时而这一派占上风，时而另一派占上风。正是这种争辩，才促进了人类更科学地认识地球的起源。

20 世纪 60 年代，人类凭借先进的太空探测技术，观测到许多行星上都具有同月球上极其相似的球形山、陨石坑，最终科学家对地球和太阳系的形成得出如下结论：大约在 50 亿年前，银河系的某颗巨大恒星发生了大爆炸，飞向四面八方的碎片与宇宙中的一些尘埃、气体聚集到一起，形成了一个大旋涡，在其聚集过程中，由于大量放热，所有物质都呈气体。同时，由于旋涡内部物质的相互吸引，它逐渐形成一种扁平的圆盘状星云，即太阳原始的面貌，太阳每年辐射到地球上的能量只有它全部能量的二十二亿分之一。这是因为地球周围有一层厚厚的大气，总的厚度大约有 1000 千米。这层大气在白天，太阳照射时，使阳光带来的热量均匀分散开，同时散射，反射一部分光热，地面的温度就均匀缓慢地上升。夜晚背对太阳的时候，地面把白天吸收的热量向空中散发出去，大气又使这种散发过程缓慢地进行，地面上的温度就不会降得太低。大气的这种作用，就像"空调器"一样，使地面上的温度总是保持在一个适宜于人类生活的范围内。它使地球在白天不会被烤焦，在晚上太阳照不到我们时，地球也不会太冷，这都归功于地球周围的大气层。以上假说都是从太阳系的天文观测中得出，但其实从地球上也能找到地球起源和演化的线索。现在科学家们一方面倾向于太阳起源于低温的观点，一方面将视角从宇宙转向了地球自身。

基本小知识

陨 石

陨石，是地球以外未燃尽的宇宙流星脱离原有运行轨道或成碎块散落到地球或其他行星表面的，石质的、铁质的或是石铁混合物质，也称"陨星"。大多数陨石来自小行星带，小部分来自月球和火星。

▶ 地球和月球

月球是地球的天然卫星。晴朗的夜晚，特别是满月时候，仰望天空，月球似银盘。和其他星星相比，月球大多了，亮多了，其实，这是一种错觉。月球不能发光，只是由于反射了太阳光，才成为一个明亮的天体。月球的直径是 3480 千米，相当于地球直径的 1/4，相当于太阳直径的 1/400。月球平均距离地球 38 万千米，也约相当于太阳与地球距离的 1/400，因此，在地球上看起来，2 个天体差不多一样大小。

月球的体积是地球的 1/4，质量是地球的 1/81.3，平均密度是地球的 3/5，重力值只有地球的 1/6。月球的自转和绕地球公转方向相同，周期是 27 天 7 小时 43 分 11 秒。月球上面和地球一样埋藏着大量的矿物资源。月球上没有大气层，是天文学家用于观测的最理想的天文台。在那里，我们不但可以获得重要的稀有金属资源，而且可以更好地了解我们的家园——地球。

月球因反射太阳光而显得明亮。在任何时间内，月球只能被太阳照亮一半，而背着太阳的一半是黑暗的。同时，月球是地球的卫星，每一个月围着地球转一圈。月球、地球和太阳的相关位置经常在变，所以我们所看到的月球的光明部分，也每天不同，有时多，有时少，这就成了月圆月缺现象。当月球受到阳光照射的光亮的一半完全背着地球时，我们看不到月球，就叫"朔"；当光亮部分逐渐显露，阴暗部分逐渐缩小，这时是一个月牙，叫"新月"；再后来，我们看到半圆形月球，叫"上弦月"；到了阴历十五、十六左右，看到有一轮明月，叫"望"；以后月球的光亮部分逐渐缩小，黑暗部分逐渐显露，这时就出现"下弦月"；最后月球完全黑暗，又回到了"朔"。在科学上，我们把这种月球的不同形状叫"月相"。

月球绕地球所转的圈子并不是圆，而是椭圆，所以月球有时离地球远，有时离地球近。最近的一点叫近地点。如果在"望"日前后月球恰在近地点位置，那时月球格外明亮。

拓展阅读

月食及其种类

月食是一种特殊的天文现象，指当月球运行至地球的阴影部分时，在月球和地球之间的地区会因为太阳光被地球遮蔽，就看到月球缺了一块。此时的太阳、地球、月球恰好（或几乎）在同一条直线上。月食可以分为月偏食、月全食和半影月食三种。

灿烂的星辰

每当夜幕降临，空中群星闪耀。这些看似渺小的星星，与我们肉眼所见差别甚大，有着许多不为人知的秘密。天文学家通常把星星发光的能力分为25个星等，发光能力最强的和发光能力最差的大约相差100亿倍。但是因为许多星星离地球上的人类实在太遥远了，所以看起来好像都差不多。本章介绍了和这些星星有关的各种知识。

◆ 流 星

在晴朗澄静的星空，有时会出现一道白光一闪即消失，你会脱口而出——流星！流星体并不是我们常见的普通星体，它们是由尘埃、冰团和碎块等组成的。当它们闯入地球大气圈同大气摩擦燃烧产生光迹，就形成了我们所见的"流星"。

流星出现的数目在每夜都不完全相同。在一般条件下，有时凭肉眼 1 小时可以看见 4～6 颗偶发流星。流星出现的时间是无规律的，也许等 10 分钟还不见一颗。很久以来，人们总结出这样的规律，夜愈深出现的流星愈多，一般来讲，下半夜所发现的流星比上半夜所发现的流星数目约多 1 倍。流星之所以被称为流星，是因为它的发光期限太短了，只有 3～5 秒，所以只有很亮的流星才能

你知道吗

大气层的成分

大气层，又叫大气圈，地球就被这一层很厚的大气层包围着。大气层的成分主要有氮气，占 78.1%；氧气，占 20.9%；氩气，占 0.93%；还有少量的二氧化碳、稀有气体（氦气、氖气、氩气、氪气、氙气、氡气）和水蒸气。

留下痕迹。你可能不太了解，那些流星体是环绕太阳运行的天体，为什么会与地球大气相碰呢？这是因为它们围绕太阳转圈子，在经过地球附近时，受地球引力吸引，会接近地面，闯入大气与空气分子、原子碰撞受热汽化，因而发出耀眼光芒。

美妙的流星雨

如果你看到流星像雨雪一样漫天而来，那就是流星雨来了。这种现象在下半夜时出现较多。当流星雨现象发生时，可以看到它们是从星空某一辐射点向外发射的。其实，流星雨在天空的轨道是互相平行的，我们之所以认为它们的路径会聚在一个辐射点，完全是透视的效果，就和透过云层的夕阳光辉呈辐射状的道理完全一样。最大的流星雨之一是 1833 年 11 月 13 日夜晚，美国波士顿居民看到的。那天晚上，在狮子座附近的天空中，千千万万颗星星像漫天大雪般滚滚

拓展阅读

狮子座流星雨

狮子座流星雨在每年的 11 月 14 日至 21 日左右出现。一般来说，流星的数目为每小时 10 ~ 15 颗，但平均每 33 ~ 34 年狮子座流星雨会出现一次高峰期，流星数目可超过每小时数千颗。这个现象与坦普尔·塔特尔彗星的周期有关。流星雨产生时，流星看起来会像由天空上某个特定的点发射出来的，这个点称为"辐射点"，狮子座流星雨的辐射点位于狮子座，因而得名。

而来，多得不计其数。有人估计，在这一夜中出现的流星，有 24 万颗之多，真是光耀夺目，令人目不暇接。1872 年 11 月 27 日晚，在欧洲的上空也发生了一次较大的流星雨。一颗颗星星从天空的深邃之处不断迸射出来，宛如节日的礼花，从晚上 7 点一直持续到第二天凌晨 1 点，估计出现 16 万颗流星。有一点你要清楚，流星雨发生时没有隆隆的雷声，几乎所有的流星体都会在大气层内被销毁，不会击中地球表面，只有满天星光彼此稍亮即逝。

流星雨

银河系的样板——仙女星座

由于银河系是如此庞大以及人类身处银河系之中，因此我们无法看见它的全貌，那么，我们不妨来观赏一下银河系的样板——仙女星系。这个星系，从大小到长相都和银河系十分相似，简直如同孪生姐妹一样。所以，看了仙女星系就相当于看了银河系。仙女星系是位于仙女星座的一个巨型旋涡星系，视星等为 3.5 等，肉眼可见，状如暗弱的椭圆小光斑。仙女星系是 1924 年，

仙女星座

哈勃用 2.4 米的大望远镜将其边缘分解为恒星，还从星云中发现了一些造父变星，根据造父变星的周光关系，定出了星云距离，肯定了它们是银河系以外的天体系统。此后，开始称其为"星系"。仙女星系离我们有 220 万光年，这么遥远的距离，我们要观测到它只得借助天文学的有力武器——天文望远镜。仙女星系的形态如同卷叶一般，呈云状般闪射着光芒，它的正中央仿佛裂开了一个大窟窿，是最明亮的区域，也就是氢气最多的区域。那里有形成恒星的丰富原材料，因而新的恒星在那里不断地诞生。据科学家们观测，仙女座星系中可能有 4000 亿颗恒星（银河系中有 1200 亿～1400 亿颗恒星）。

变 星

恒星其实并不是静止不变的，它的一生都在不停地变化着。比如它的颜色、亮度，还有别的特征的变化，只不过很难察觉罢了。然而，当它进入自己的晚年时期，也就是快要灭亡的时候，它们常常会变化得快些、明显些。

就拿亮度来说吧，有些步入晚年的恒星，可能在几十年内，甚至一天的时间内，就能被观测到发生了变化。变星就是亮度起伏变化的恒星。记载变星的最早历史文献之一是我国《汉书》，而我国《宋史》所记载的 1006 年 4 月 3 日，关于超新星变光情况的描述，是世界公认的第一个变星记录。1976 年出版的《变星总表》记载有变星 25 920 颗。这么多变星，怎么起名字呀？变星的命名采用与拜耳命名法相同的方法，使用拉丁字母和所在星座名称结合来命名。后来，为了与拜尔命名法相区别，阿格兰德在 1844 年创立了变星的命名系统。他把每一星座内的变星，按发现时间的先后顺序，在星座名称之后用 R、S、T、U、V、W、X、Y 和 Z 记名。如，北冕座第一个变星，定名为北冕座 R；金牛座内发现的第三个变星，定名为金牛座 T。

👁️ 天空中的 "小矮人" ——白矮星

在天空中，除太阳外，最亮的恒星是天狼星。它不是一颗单独的星，旁边还有一位小伙伴和它组成一对双星。这位小伙伴的个头儿太小了，它的表面积只有天狼星的万分之一，并且它发出的白光很少，星体显得很暗。天文学家根据这颗小星的特点，就给它起名叫白矮星。天狼星的伴星是人类发现的第一颗白矮星。到现在为止，这种星已经被找到 1000 多颗了。大多数白矮星的个头儿比地球还小。1962 年 5 月，发现一颗白矮星，直径大约只有 1700 千米，比月球还小呢。白矮星个头儿虽小，却长得结结实实，一立方厘米的物质有一两百千克重。白矮星随着年龄增长，温度越来越低，最后，白色变成黑色，不再发光，它的一生就完结了。太阳在几十亿年后就会变成白矮星，收缩，变小，最后消失飘荡在茫茫天空中。那时，也许人类已迁移到别的星球上了。

👁️ 红色的巨星——心宿二

夏天晴朗的夜晚，我们坐在院子里乘凉，抬头仰望天空，可以看到银河南段有一个很大的星座——天蝎座。天蝎座由很多明亮的星星组成一个大蝎子的图样。天蝎座里最亮的星称为天蝎座 α 星，又叫"心宿二"。

夜空中最亮的恒星——天狼星

天狼星是夜空中最亮的恒星，其视星等为 -1.47，绝对星等为 +1.3，距太阳系约 8.6 光年。天狼星实际上是一个双星系统，其中包括一颗光谱型 A1V 的白主序星和另一颗光谱型 DA2 的暗白矮星伴星天狼星 B。

每年初春的傍晚，东方地平线上，只有心宿二这颗星以明亮的红色光芒向我们传告着春天的来临。我国古代人民正是通过观测心宿二来定春耕时令的。其实，心宿二的亮度在恒星世界名列第十六，毫不出众。可是，它在红外光区的亮度，却比最亮的恒星天狼星还要亮。心宿二是一颗巨大的红色恒星，它的直径长达 9 亿千米。如果我们乘坐喷气式战斗机在这个星球上进行一次"环球旅行"，则需要 150 多年的时间。太阳的直径是地球直径的 109 倍，体积是地球的 130 万倍，可是，拿太阳和心宿二相比，太阳简直就是"小婴儿"。心宿二的直径大约是太阳直径的 640 倍，体积足以容纳 2.6 亿个太阳，心宿二是一颗当之无愧的"超级红色巨星"。

▶ 教你认星座

假如你把北斗七星的斗勺最外边的两颗星连成直线，把线延长，经过北极星，就指到了一个像拉丁字母"W"形的五颗很亮的星星，那就是星图上标明的仙后座。在仙后座的旁边，是仙王座。从仙后座往南，也就是离北极星更远一些的地方，是仙女座。仙女座是几乎直接并列的三颗相当明亮的星，很容易辨认。在仙女座的脚下，闪烁着的是英仙座的小星星，在仙女座的头上，有飞马座。武仙座则在离仙女座和英仙座较远的地方，在大熊座的儿子——牧夫座旁边可以找到它。牧夫座在天上离他的母亲大熊座很近，可以顺着大熊座的尾巴向南去找它。在牧夫座和大熊座之间，有一群不很亮的小星星，这就是猎犬座。被武仙座征服了的狮子座和天龙座也在这里。天龙座的身体是一小串不大亮的小星星，它盘绕在大熊座和小熊座之间，头像一个不正的小四方形，紧靠武仙座。在武仙座和牧夫座之间，有一个小而美丽的星座，是北冕座。天琴座则在武仙座旁，那里有一颗非常亮的白色星星——织女星。在银河最亮、最宽的部位，形状差不多是十字架形的，是天鹅座。而天鹅座稍微往南一点，则是天鹰座。好了，你自己可以去学着指认一下千姿百态的星座了。

▶ 二十八星宿

　　我国古代劳动人民为了生产的需要，很早就用观察天象的方法决定季节和农时，太阳和月亮就成为重要的观察对象。为了确定太阳在天空中的位置，人们把太阳经过的路线上的二十八组恒星，定了二十八个不同的名称，叫二十八星宿，即角、亢、氐、房、心、尾、箕、斗、牛、女、虚、危、室、壁、奎、娄、胃、昴、毕、觜、参、井、鬼、柳、星、张、翼、轸。二十八宿好比是二十八家店铺，它们的地盘有大有小，最大的是井宿，所占本经范围 30 多度，最小的觜宿。二十八颗距星中只有一颗是一星等，四等以上竟达八颗，鬼宿是一颗肉眼勉强能看到的六等星。我国的二十八宿体系从划分到命名以及选用的距星等，都一直是天文学史上研究的课题。

　　另外，我国古人又把二十八宿分成四个大星区，用动物来命名，称为四象，即东方苍龙之象，北方玄武之象，西方白虎之象和南方朱雀之象。形象逼真的四象图，在我国民间流传很广。

知识小链接

季 节

　　季节是每年循环出现的地理景观相差比较大的几个时间段。不同的地区，其季节的划分也是不同的。对温带，特别是中国的气候而言，一年分为四季，即春季、夏季、秋季、冬季；而对于热带草原只有旱季和雨季。在寒带，并非只有冬季，即使南北两极亦能分出四季。

空中的指北针——北斗星

我们知道，现在沿海一带设有无数的灯塔，而且连最小的海船上也一定都有罗盘、精确的航海钟以及先进的无线电通信设备仪器等。但是，航海的人还是需要对天上的一些星座有所认识。尤其在远古时代，舵手在航海时只能依靠有关星座的知识来辨别方向，最受航海人们青睐的就是大熊座。

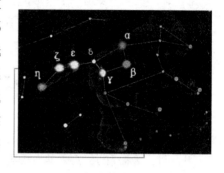

大熊星座

北方天空的标志——北极星

北极星属于小熊星座，距地球约400光年，是夜空能看到的亮度和位置较稳定的恒星。由于北极星最靠近正北的方位，所以千百年来地球上的人们靠它的星光来导航。

为什么呢？我们所熟悉的北斗星就是属于大熊星座的。这七颗星组成一把勺子的形状。它最外边的两颗星，指向北极星（它因在地球北极附近的上空而得名），可以帮助人们在夜间辨认出哪儿是北，找到了北就不难辨认其他方向了。如果在茫茫无际的大海中迷了路那可不得了，可是如果你认识大熊星座中的北斗七星，那就不用犯愁了。

后来，天文学家们开始划分比较暗弱的星座时，在天上又找到了另一个"斗"。由于它和大熊星座相像，所以人们给它起名为"小熊座"。小熊座对于航海的人们来说也是极为重要的，因为北极星正好是小熊座尾巴上最末的一颗星。在星星闪耀的夜晚，你不妨出来认识一下大熊星座上的北斗七星，那晚上就不怕迷路了。

◖▸ 牛郎织女星

在我国古代，有一个广为流传的关于"牛郎织女"的神话故事。当初，王母娘娘不满意织女嫁给牛郎，就用一条银河把织女和牛郎隔开了。神话中的他俩只能每年的农历"七月七"在鹊桥相会。其实，在恒星世界里，织女星和牛郎星是没法相会的，因为两颗星之间相距 16 光年。这样遥远的路程，牛郎就是乘坐和光速一样快的宇宙飞船去看望织女也得花费 16 年的时间。牛郎星在星图上叫河鼓二，是一等亮星，位于银河的东面。它的两旁是 2 颗二等星，是牛郎的一儿一女——河鼓一、河鼓三，传说牛郎用扁担挑着一儿一女在追赶织女呢。而织女星是在银河的西面，是一颗美丽的清白色大星。在织女星右下方，有 4 颗小星搭成一个平行四边形，据说是织女所用的织机。

牛郎星和织女星离地球都很远，牛郎星距离地球 16 光年，织女星距离地球 26 光年。

◖▸ 空中 "七姐妹" ——昴星团

天文学家将由 10 颗以上的恒星组成的，彼此又具有物理联系的恒星集团称为星团。为了易于区分，一些亮星团也被给予了专门的名称。在银河系里，人们所熟知的著名的昴星团与人类生活生产关系很大。

昴星团是疏散星团，古人认为它是由 7 颗星组成的，所以又叫它为七姐妹星团；又因为这些小星星闪闪抖动，好似农民车水用的水车轮叶，故又叫它为"车水星"。但实际上昴星团是由 200 多颗星所组成的，只不过由于离我们太远了，大约距离地球有 420 光年，因此，肉眼看起来是一小团闪闪耀目的小星，仔细看只能分辨出其中六七颗罢了。

知识小链接

疏 散 星 团

疏散星团形态一般不规则，包含几十颗至两三千颗恒星，成员星分布得较为松散，用望远镜观测，容易将成员星一颗颗地分开。少数疏散星团用肉眼就可以看见，如金牛座中的昴星团（M45）和毕星团、巨蟹座中的鬼星团（M44）等。

你可别小看了这"七姐妹"，它们对农民的作用可大了。古时候，人们还不知道根据气温的变化来断定春天的到来。但如果播种早了或晚了，都会使农民歉收，甚至颗粒不收。所以，星星就成了农民的"顾问"。根据长期经验的总结，农民发现，如果天黑时，金牛座中的"七姐妹"隐没于西方地平线下的时候，春天就要到来了。这时，不管天气怎样，也应该播种了。所以，农民们非常喜欢"七姐妹"。

空中的 "猎户"

猎户座

在冬夜星空中，我们很容易找到由一些明亮的星星构成的、一个人形的星座，那就是猎户座。它是夜空中最美丽的星座之一。在 2 月的晚上七八点钟时，"猎户"正在南方天空，它中间直线横排着 3 颗星，是猎户的腰带，下面的几颗小星星是它的佩剑。

古时候，人们认为猎户座的出现是凶兆。尤其是航海员们认为，当猎户座朝着大海的时候，大海就会大发雷霆，海船将赶紧驶回港口躲起来。其实，这是古时人们对天时无知的表现。

我们知道秋季时，往往秋雨绵绵，天气忽冷忽热，让人捉摸不定，而秋季的大海更是狂风暴雨、变幻莫测。可是，猎户座恰恰是在秋季开始升到地平线上来的。其实，猎户座从来都是挂在天上的，只不过因为地球、月球、太阳的不断运动，它在白天出现时，我们看不到它罢了。而当我们能看到它时，却正好是在秋季刚刚开始的时候。然而农民们却非常喜欢它，因为天亮前猎户座从东方地平线下探出头来，正是在告诉农民们该收获了。

基本小知识

地平线

地平线指地面与天空的分隔线，其更准确的说法是将人们所能看到的方向分开为两个分类的线：一个与地面相交，另一个则不相交。在很多地方，真地平线会被树木、建筑物、山脉等所掩盖，取而代之的是可见地平线。然而，如果身处海中的船上，则可以轻易看到真地平线。

◑ 火红色的行星——火星

人们很容易就能把火星从满天繁星中辨认出来，这是因为它是太阳系里一颗引人注目的火红色行星，叫它火星，真是名副其实。由于火星表面的土壤中含有较多的铁氧化物，所以它发出的光颜色最红，远远看去明亮而呈橘红色。这么可爱漂亮的行星，当然会吸引许多天文学家的注意了。1964 年 11 月，美国发射了"水手" 4 号，发现火星上有环形山；1971 年 11 月发射的"水手" 9 号，发现了火山、峡谷和干河床；1979 年 7 月和 9 月发射的"海盗" 1 号和 2 号，在火星上软

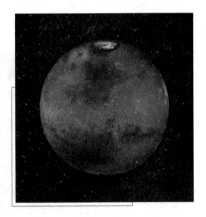

火星

着陆，发现上面没有生命存在。另外，科学家还探测到火星上有一个独特的现象，即尘暴形成的尘埃云，这是低层大气中的风，卷着尘粒形成的。激烈的尘埃云可分布到整个火星，并持续达几个月之久，真是太可怕了。还有一个令人注目的地方就是，如果用望远镜观察火星，会看到它的两极地区的白色极冠，

极冠中既有水冰，又有干冰，是水冰和干冰的混合物。如果这些水冰都融化了，均匀分布在整个火星表面会形成 10 米厚的水层。

恒星的晚年——红矮星

银河系中大约有 75% 的恒星是红矮星。所谓的红矮星是指质量最小的一类恒星，它们的质量一般只是太阳质量的 7% ~60%。质量小也就意味着星体内部的核反应较弱，所以红矮星发出的辐射很弱，要低于太阳辐射强度的 5%，有的甚至不到太阳辐射强度的万分之一。核反应弱也导致表面温度较低。一颗恒星的辐射包含了从红外线到紫外线的所有波段，不过随着恒星温度的变化，辐射能量集中的波段会发生变化。一般来说，温度高的恒星辐射能量集中在偏蓝色的波段，温度低的则集中在偏红色的波段，因此红矮星看起来颜色偏红。不过本应发出暗弱红色光的红矮星有时在自身磁场的作用下会出现反常的现象，它们会发出强烈的 X 射线和紫外波段的辐射，并且常出现耀斑活动。

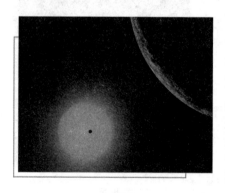

红矮星

由于红矮星内部氢元素的核聚变速度缓慢，因此它们也拥有较长的寿命。另外，因为红矮星的体积小，引力也相对较小，内部产生的压力和温度不足以把氢聚合成更重的元素，因此它也就不可能膨胀成红巨星，而是逐步收缩，直至把氢耗尽。也因为这个缘故，一颗红矮星的寿命可多达数百亿年，几乎和宇宙的年龄一样长。

人们可凭着红矮星的悠长寿命，来推测一个星团的大约年龄。因为同一个星团内的恒星，其形成的时间均差不多。一个较年老的星团，脱离主序星阶段的恒星较多，剩下的主序星的质量也较小，若人们找不到任何脱离主序星阶段的红矮星，则间接证明了宇宙年龄的存在。

人们相信，宇宙众多恒星中，红矮星占了大多数，大约75%。例如离太阳最近的恒星，半人马座的南门二比邻星，便是一颗红矮星，其光谱分类为M5，视星等11.0。

至2005年，人们首度在红矮星周围，发现有太阳系之外的行星围绕红矮星旋转。第一颗行星的质量与海王星差不多，距离太阳约为600万千米，其表面度约为150℃。2006年，人们又发现一颗与地球差不多的行星绕着另一颗红矮星旋转，这颗行星距离太阳约3.9亿千米，表面温度为－220℃。

由于体积和亮度的原因，长期以来，很少有天文学家投身到对红矮星的科学研究中。几十年来，科学家认为红矮星附近根本不可能有智慧生命的存在。假如红矮星周围有行星围绕，也会由于它们之间相距过近，行星完全被红矮星"锁定"，就如同月球被地球锁定一样。行星将只有一面向着它的"太阳"，也就是红矮星。而另一面永远处于黑暗之中。因此，这个行星上将出现极端恶劣的环境，在黑夜的一面任何大气气体都将被冻住，白昼的一面却完全暴露在恒星射线的照射之下。难以想象，这样的行星环境会有生命存活，于是，红矮星几乎毫无争议地被排除在地外生命探索目标的名单外。

但是最近，又有美国科学家提出，红矮星可能更适合孕育生命。美国维拉诺瓦大学的科学家最近在美国天文学会的一次学术会议上说，他们计算了20颗红矮星的辐射，发现如果一颗行星的大气层和磁场足以散射和反射有害射线，其环境就适合生命存在。此外，尽管引力作用会逐渐使行星以固定的一面对着红矮星，另一半得不到光照，但空气流动能传递热量，使行星背阴面也温暖有如夏夜。红矮星上的核聚变很缓慢，这使它们的寿命非常长，可以保持几十亿年甚至更长久的稳定状态，这对生命发展是有利的。与之相比，太阳只能再支持地球生命64亿年，此后将膨胀变成红巨星，把地球烤焦并吞噬。

▶ 钻石星球

钻石历来是财富的象征，因其稀有而身价百倍，但天文学家们却发现了一个"钻石星球"。这颗星球距地球约17光年。天文学家们通过观察，确信这颗脉冲星（有节奏地闪动光芒的星星）是一个巨大的钻石，并推断它是一颗由碳和氧组成并处于水晶状态的星球。美国依阿华州立大学教授史蒂夫·卡瓦勒正领导着一个由50人组成的天文小组，对这颗星进行研究，他认为这是一颗蓝绿色的钻石星球。

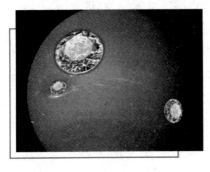

钻石星球

这颗钻石星球是一颗白矮星，编码是BPM37093，天文学家根据披头士乐队的歌曲《天空中那是戴着钻石的露西》，将它命名为"露西"。它是由一颗比太阳略大的恒星冷却后的灰烬组成的，大多数恒星死后会变成白矮星，只有非常大的恒星才会爆炸产生超新星。虽然如此，水晶态的白矮星仍然是十分稀有的。

一直以来，一些天文学家相信，天王星和海王星上异乎寻常的高压，很容易将碳元素变成钻石。

尽管满足钻石形成的一个重要因素是高压，但是，这两颗行星上都缺乏另一个重要因素——碳。计算结果显示，天王星和海王星上的碳元素含量只有1%～2%，而要在一颗行星上形成钻石，该行星必须拥有超过15%的碳元素。研究者表示，新的宇宙寻宝对象或许可以定为白矮星——50%以上的碳元素含量和巨大的压力，可能会令某颗白矮星的表面遍布钻石。

最初科学家认为这颗名为55 Cancrie的行星的化学组成跟地球相似，但近日耶鲁大学的研究推翻了这种观点。

研究表明，55 Cancrie的主要组成部分是以石墨以及钻石形式存在的碳元素，另外还有铁、碳化硅以及一些硅酸盐。它的表面没有水或者岩石，到处是闪闪发光的钻石，是一颗名副其实的钻石星球。

科学家过去也曾发现过类似的钻石星球，但55 Cancrie是第一颗围绕类似太阳的恒星运行的钻石星球。

据研究人员介绍，55 Cancrie的大小是地球的两倍，重量为地球的8倍，绕恒星公转只需18个小时，也就是说，在这颗星球上"1年"只有18个小时。其表面平均温度大约为2148℃。这种高热高压环境使大量钻石得以形成，但生命无法在这里生存。

🔶 太阳系最亮的行星——金星

众所周知，有八个大行星围绕太阳转圈子。从地球上看，金星是太阳系里最亮的一颗行星。在天空中，金星的亮度是排在第三位的，仅次于太阳和月亮。其实，金星还有许多值得骄傲的，比其他行星都特别的地方。比如，由于金星表面保存着又厚又密的大气层（绝大部分是二氧化碳），就像一条厚厚的"棉被"，太阳的能量一射进"被里"，就再也散发不出来，金星的温度也就变得越来越高，其表面平均温度为480℃。

拓展阅读

山脉与山系

山脉是沿一定方向延伸，包括若干条山岭和山谷组成的山体，因像脉状而被称为山脉。主要是由于地壳运动中的内营力作用而产生，有明显的褶皱，从而区别于山地，而山地则是在一定的力的作用下产生，褶皱现象不明显。构成山脉主体的山岭称为主脉，从主脉延伸出去的山岭称为支脉。几个相邻山脉可以组成一个山系，如喜马拉雅山系等。

因此，金星是八大行星中最热的一个。而且，八大行星中，金星的质量与地球太接近了，它的表面地势平坦，有山脉，有平原，赤道区还有一条自南向北穿过赤道的、长达1200千米的大裂谷，这些都使人们认为金星是地球的兄弟，因此，金星被称为是最像地球的行星。金星还有一个绰号叫"太白星"，当金星黎明前出现在东方天空时，我国民间称它为"启明星"；当它黄昏后出现在西方天空时，又叫它"长庚星"。金星的绰号太多了。而且有趣的是，金星是太阳系内唯一逆向自转（和公转方向相反）的大行星，如果从金星看太阳，则是西升东落。

◨ 太阳系最大的行星——木星

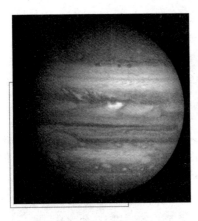

太阳系体积最大的行星——木星

木星是太阳系的八大行星中质量和体积最大的行星。它有约 318 个地球加起来那么大的质量，是太阳系所有其他行星总质量的 2.5 倍；体积竟为地球的 1316 倍（地球的体积是 11 000 立方千米），想象一下就能知道木星有多大了。而且，木星还是自转最快的行星，它的自转周期只有 9 小时 55 分 30 秒，自转的线速度竟达 12.6 千米/秒，地球上被称为"飞人"的百米运动员跟木星比可跑得太慢了，称它为"木星"就名不副实了。其实，木星是一个液态的星球，没有固体的表面。在木星的大气层之下便是氢气层。外层厚度在 25 000 千米左右，由液态分子氢组成；内层厚度为 33 000 千米，主要为液态金属氢。因此说，在木星的浓密的大气下面，是一个液态的氢构成的一望无垠的大海。木星受人注目的另一个原因是，它还是夜空中最亮的几颗星之一，它次于金星，排在太阳、月亮、金星之后，居于第四位。另外，你知道吗，除地球外，在太阳系里第二个具有极光的行星就是木星了，木星的极光长达 3 万千米。

◨ 又寒冷又黑暗的海王星

海王星是太阳系八大行星之一。19 世纪 40 年代，由天文学家预算后发现。天王星被发现后，人们发现它预报的位置和实际观测到的位置总是不符。1845 年，有人就预言天王星外面还有一颗行星。

知识小链接

天文望远镜

天文望远镜，是观测天体的重要工具，可以毫不夸大地说，没有望远镜的诞生和发展，就没有现代天文学。随着望远镜在各方面性能的改进和提高，天文学也正经历着巨大的飞跃，迅速推进着人类对宇宙的认识。

1846年9月23日柏林天文台台长加勒，用天文望远镜在预报位置的附近找到了这颗行星。于是星表上就多了一个成员——海王星。那么，海王星上面是什么样的呢？它的上面有稠密的大气层，大气的主要成分是氢，此外还有甲烷和氨。由于海王星离太阳太远了，因此它每单位面积上接收到的太阳光，只有地球上的 1/900，所以海王星的表面非常寒冷，温度达到 -230℃。海王星不但外表冰冷，它的内部也是坚硬冷酷的。它的最内部为岩石构成的核心，中间是质量较大的冰层，最外面为大气层。1989年8月，"旅行者"2号造访海王星。在地球上，只有借助望远镜才能看到海王星，因为它一点也不明亮。

▷ 没有水的 "水星"

水星是太阳系八大行星中最靠近太阳的行星，距离太阳平均 5800 万千米，直径为 4868 千米，只比月球略大一点。在太阳系中，除冥王星外，水星是最小的。它的公转周期是 88 天。水星有稀薄的大气层但不能保存大气，只有分子量大的气体，如二氧化碳或氩可能留在表面上，此外还发现有少数的氢。水星上的温度既取决于相角，也取决于黄经，而且昼夜温度差大，白天高达 634.5℃，夜间

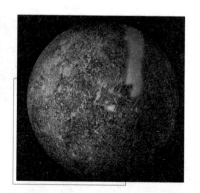

水　星

冷到 -86℃以下。水星的密度同地球相近，约为5.43克/立方厘米。水星的表面和月球一样，凸凹起伏，环形山星罗棋布，还有山脉、悬崖、盆地以及平原。其中的卡路里盆地，是太阳系诸行星中，表面温度最高的地方。关于水星的情况，是由美国发射的行星际探测器"水手"10号，在1974年3月29日、9月21日和1975年3月1日，三次从水星侧面通过时获得的。该飞行器在1975年3月24日与地球失去联系，它每隔176天与水星靠近一次，可是已不能为人类提供任何信息了。

知识小链接

二氧化碳

二氧化碳是空气中常见的化合物，其分子式为 CO_2，由两个氧原子与一个碳原子通过共价键连接而成，常温下是一种无色无味气体，密度比空气略大，能溶于水，并生成碳酸。固态二氧化碳俗称干冰。

◎ 美丽的行星——土星

土星是太阳系八大行星之一，带有美丽的光环，是天空中最美的天体之一。土星表面呈淡黄色，有若干小白斑点缀其中。表面温度约为 -140℃。大多数科学家认为土星由核、金属氢层和富氢大气层构成。在太阳系中，土星的大小和质量仅次于木星，占第二位。到目前为止，科学家确认土星有62颗卫星。

土 星

其中有几颗卫星很有特点。比如，1655年，惠更斯发现的土卫六，大如水星，拥有以氮为主的大气，土卫六表面温度很低；土卫八以具有2种颜色著称，它的一个半面比另一个半面亮6倍。

土星离太阳的平均距离是9.545 个天文单位；公转周期是29.46 年；在赤道上自转周期是10 小时 14 分；土星赤道直径是120 000 千米；平均轨道速度9.64 千米/秒。现在认为，土星没有固体外壳，其内部是直径为20 000 千米的岩石核心，外面包围着 5000 千米厚的冰层，再外面是 8000 千米厚的金属氢层，最外面是大气。土星也有磁场和辐射带，磁场强度比地球磁场强千倍，而辐射带却不如地球的辐射带。总之，在夜空中土星经常受到人们的关注。

你知道吗

太阳系唯一拥有浓厚大气层的卫星

土卫六由荷兰物理学家、天文学家和数学家克里斯蒂安·惠更斯于 1655 年 3 月 25 日发现，它也是在太阳系内继木星伽利略卫星发现后发现的第一颗卫星。由于它是太阳系唯一一个拥有浓厚大气层的卫星，因此被视为一个时光机器，有助我们了解地球最初期的情况，揭开地球生物如何诞生之谜。

婚神星

正当人们对于谷神星（是一颗位于木星和火星之间的小行星带中的矮行星）的地位烦恼不已时，1804 年 9 月 1 日，利林特尔天文台台长的一个助手，"天空巡警队"成员之一的卡尔·哈丁发表了一个报告说，他在火星与木星之间的"空隙"中又找到了第三个新行星。他测定并计算出，这第三颗行星离太阳约为 2.67 个天文单位，他为其取名为"婚神星"。婚神星是首颗被观测到掩星的小行星，它的直径为 240 千米。这样，谷神星又多了一个小兄弟。

灶神星

1807 年 3 月 29 日晚，德国天文学家奥伯斯因为他在望远镜里又发现了一个新成员而高兴得跳了起来。奥伯斯很快为它取名为"灶神星"，这是古代意大利一个管理炉灶的女神。灶神星和谷神星是火星和木星之间小行星带里个头最大的2个成员，灶神星是第二大小行星，仅次于谷神星。灶神星实际上是所有小行星中最明亮的一颗，在它最明亮的时候，视亮度可达六等，正好是肉眼所能看见的极限。也就是说，只要你熟悉星座，并事先知道灶神星出现的位置，在天气观测条件（无月，晴朗）较好的情况下，不用望远镜也可以一睹灶神星的风采。所以灶神星是唯一的肉眼可见的小行星。

➤ 小行星带

小行星带

小行星带是太阳系内介于火星和木星轨道之间的小行星密集区域，那里生活着无数个小行星。经科学家推算，那里应该还有相当于地球质量2.8倍的小行星存在。可是现在却失踪了，科学家们认为是许多年来，强大的木星重力把那些小行星们抛出了太阳系。

小行星带中的小行星，其大小与个数相差悬殊。3颗最大的小行星即智神星、婚神星和灶神星，质量竟占了小行星带质量的一半。在主带中仅有一颗矮行星即谷神星。直径大于100千米的小行星个数在200颗以上，而大于30千米的则大约有1000颗。直径1千米以上的估计有100万颗。如果它们中的任何一颗袭击行星，都会造成相当程度的伤害。位于主要小行星带中的小行星，之所以未能形成一颗大行星，科学家们认为是木星的重力作用导致的。由于木星的重力作用，它迫使小行星们高速运转着，于是小行星们不是通过聚合作用变得越来越大，而是在高速运行中互相撞击而裂成了碎片。很多小行星都是聚族而居，它们居住在小行星带内比较安定而近似圆形的轨道上。

小行星

　　小行星是沿椭圆轨道绕太阳运行不易挥发出气体和尘埃的小天体。小行星大都分布在火星和木星轨道之间。1801 年 1 月 1 日，意大利天文学家皮亚齐发现了一颗新天体游动在恒星的背景中，后来命名为谷神星。谷神星太小，与大行星不相称，于是便称为"小行星"。此后，类似的行星被大量发现。迄今为止，在太阳系内一共已发现了约 70 万颗小行星。小行星本身不发光，靠反射太阳光而发亮。小行星的体积很小，质量也小。质量最大的小行星——谷神星，约为地球质量的 0.0002 倍。大多数小行星的形状是不规则的，有些形状是球状的，比如谷神星和灶神星。在绕日公转中，小行星要受到大行星的吸引，所以，它们的运动十分复杂。其中，有些小行星的轨道很接近地球，称为近地小行星。这些小行星可分为两种类型：阿波罗型和阿莫尔型。据科学家探测，有些小行星也有卫星。

小行星的命名

　　用希腊或罗马神话中的神仙来命名天体是天文学上的惯例。因为这样既保持了天空所特有的神奇色彩，又能使它充满浪漫的诗情画意。而对于 19 世纪的科学家来说，神话中的神仙的名字更具有吸引力。

　　第一颗小行星叫作赛丽斯，中文译作谷神星。赛丽斯是罗马收获女神，也是西西里岛的守护神。

　　第二颗小行星叫帕拉斯，中文译作智神星。这位女神就是希腊神话中大名鼎鼎的帕拉斯——雅典娜。她是智慧女神兼女战神，也是雅典的守护神。

　　第三颗小行星叫裘诺，中文译作婚神星，她是罗马神话中的神后。

　　第四颗小行星是维斯塔，中文译作灶神星。

　　第五颗是阿斯屈娅，为正义女神。

随着小行星数目的增多，众所周知的一些神灵名字，差不多都被冠在了小行星的头上。例如：小行星14艾琳是按和平女神命名的；小行星78狄安娜是按月神命名的；小行星149美杜莎是按能使见者变为石头的蛇发女妖命名的；小行星896斯芬克斯是按狮身人面女怪命名的。研究一下希腊神话，你就会知道，小行星的名字该多有趣了。

小行星引起的争论

小行星成倍地被出现，它们的名字也五彩缤纷。但是，因小行星命名引起的不愉快的事也时有发生。

例如，小行星12叫维多利亚，它是在1850年由伦敦的天文学家海德发现的，海德用这个名字，原本是为了取悦英国女王，不料这却大大激怒了大洋彼岸的那些美国天文学家。他们对英国人奴役美洲的殖民政策记忆犹新，于是对海德大肆抨击，说他奴颜媚骨。英国人因事关"国威"，当然也不肯让步。所以二者相持不下，互相嘲讽，亏得后来有人不知从哪找来了一位也叫"维多利亚"的罗马小神，才说服了双方，这场争吵才告一段落。

另一场关于小行星命名引起的不愉快的事是小行星55的命名事件。为了它的命名，杜德里天文台（发现者）的理事与台长各不相让，磋商变成了争吵。更可叹的是这场争论后经那些报社的炒作越闹越大。后来，天文学家一致同意把这个小行星叫"潘多拉"。潘多拉是希腊神话中有名的"祸水"，是她把战争、洪水等灾难带给人间的。

小行星达克推尔

美国宇宙飞船"伽利略"号在穿过太阳系途中拍下了一些小行星家族照片。在这些小行星"肖像"中，有一颗小行星，科学家把它命名为"艾达"。"艾达"比较大，但形状不规则，而且和它在一起的还有一颗很小的小伙伴

"达克推尔"。有趣的是，这颗小伴星的颜色，反射性与质地同艾达十分接近，所以天文学家一开始就认为达克推尔是当艾达与一颗较小行星相撞时，把它炸下轨道去的，但后来他们认为，艾达和达克推尔是一颗较大的小行星同其他天体相撞之后的残片，所以它们才那样相似。

后来，科学家们对达克推尔做了进一步的研究。从近摄照片上可看到达克推尔接近于球形，这就违反了太阳系中的常规：小行星应该是不规则形状的。那达克推尔为什么这么特别呢？科学家认为，达克推尔星是卵石、沙砾通过固有微弱重力聚合而成的一种松散聚合物，对于"艾达"家族的研究，还有待于进一步的深入探索。

脱罗央群小行星

1906年2月22日，天文学家又发现了一颗小行星。它距离太阳是5.2个天文单位，而且有趣的是，这颗小行星与木星、太阳三者正好构成了一个奇妙的正三角形（天文学称其为拉格朗日三角形）。同一年，又有人发现了跟在木星之后的"随从"，它在第二个拉格朗日三角形点上。以后，在这两点（也称拉格朗日平动点）附近又陆续发现了许多小行星。所有这些小行星统称为脱罗央群小行星。其中值得一提的是在脱罗央群小行星中有2颗小行星，它们是小行星2223和小行星2260，小行星2223的中文名叫"喜马拉雅"，小行星2260的中文名叫"昆仑"。在通常情况下，脱罗央群小行星

你知道吗

世界海拔最高的山脉

喜马拉雅山脉是世界海拔最高的山脉，位于亚洲的中国与尼泊尔之间，分布于青藏高原南缘，西起克什米尔的南迦－帕尔巴特峰（海拔8125米），东至雅鲁藏布江大拐弯处的南迦巴瓦峰（海拔7756米），全长2400千米。主峰珠穆朗玛海拔高度8844.43米。

都在平动点附近进行周期性的摆动，但是，这些小家伙有时并不是规规矩矩的，它们的轨道有时会倾斜超过 20°甚至 30°，因为它们的实际运动比想象中复杂多了。

◐ 行星的 "追随者们" ——卫星

卫星，是指在围绕行星轨道上运行的天然或人造天体。在太阳系里，除水星和金星外，其他行星都有天然卫星。土星的天然卫星最多，其中 62 颗已得到确认，52 颗已被命名。卫星的大小和质量相差很大，运动特性也不一致。一般把距离分布符合提丢斯－波德定则，运动轨道又具有共面性、同向性和近圆性的卫星称为规则卫星。不具备这些特性的卫星就叫不规则卫星。还可根据卫星绕行星运动的方向，分为顺行卫星和逆行卫星。

伽利略在 1609～1610 年发现木星的 4 颗大卫星是人类最早发现的天然卫星。除天然卫星外，还有一类人造卫星。第一颗被正式送入轨道的人造卫星是前苏联 1957 年发射的 "卫星 1 号"。此外，人造卫星还被发射到环绕金星、火星和月球的轨道上。人造卫星在科学研究、现代通信、天气预报、地球资源探测和军事侦察等方面都发挥着不可替代的作用。

知识小链接

伽利略

伽利略（1564—1642），意大利物理学家、天文学家和哲学家，近代实验科学的先驱者。其成就包括改进望远镜和其所带来的天文观测，以及支持哥白尼的日心说。今天，史蒂芬·霍金说："自然科学的诞生要归功于伽利略，他这方面的功劳大概无人能及。"

➡ "谷神星" 被找到了

1801年1月1日——19世纪的第一个夜晚，意大利西西里岛上巴勒莫天文台台长皮亚齐在紧张地工作着。当他把望远镜再一次对准金牛座时，突然间，他发现了一个陌生的星点，亮度大约相当于八等星。皮亚齐非常惊异，那些他早已熟悉的星星之中，可从来没有见过这颗亮星啊。这是什么东西呢？他决定先记下它的情况再说。第二天，他带着疑惑的心情，把望远镜又对准了昨夜的天区，可是他马上发现，虽然这个"不速之客"的亮度和形状没有变化，但位置却已经向西走了，显然这只能是太阳系内的一个天体。皮亚齐决定跟踪这个"新客人"。开始几个晚上，它不断向西行动，但到第十二夜，它突然停止不动了，几天后却又开始向东移动。显然，这是行星视运动的典型特征（在天空中从"逆行"经过"不动"到"顺行"）。后来，在1802年元旦之夜，皮亚齐与"天空巡警队"的一名队员又分别发现了那颗星的踪迹。经科学家证明，那正是一颗位于火星与木星轨道之间的行星。于是，皮亚齐给此星取名为"谷神星"。

拓展阅读

行星视运动

行星视运动，即观测者所见的行星在天球上位置的移动。通过长期的观测，人们发现，行星既有相对于恒星的视运动，又有相对于太阳的视运动。研究行星相对于太阳的视运动，可以揭示行星出没的规律。哥白尼为了解释行星视运动的规律，提出日心体系学说，导致对宇宙体系认识的革命，并为后来牛顿发现万有引力定律奠定了基础。

谷神星

📌 智神星带来的烦恼

在谷神星被发现之后，"天空巡警队"仍一夜一夜地守候在望远镜旁，在黄道区域内继续搜寻，希望有"真正的行星"露面（他们认为谷神星实在太小了，只能称为"小行星"，因此在木星与火星之间肯定有"真正的行星"存在着）。果然，就在发现谷神星后 3 个月，"巡警队"也发布了一个消息，"德国医生"队员之一的奥伯斯报告说，他在 1802 年 3 月 23 日晚上，在室女座附近的天区内，发现了一个亮度相当于七等星的新天体，估计其轨道也在火星与木星之间，他为其取名为"智神星"。

但是，人们并不欢迎这颗"小行星"的拜访。因为他们认为，火星与木星之间的"空隙"已被"谷神星"填满了，如果再有"新客人"出现，势必会打破以前的常规。一个行星轨道怎可能容纳 2 个小行星呢，真是难以想象！但是，望远镜里的智神星确实在闪烁着，而且计算表明，智神星的轨道确实在火星与木星之间，与谷神星几乎一样，半长径为 2.77 个天文单位，公转周期为 1686 天，没有理由否认它是谷神星的"孪生兄弟"，这是人类发现的第二颗小行星。

📌 宇宙航行中的 "暗礁"

我们都知道，即使是最勇敢的航海家，对于大海里的暗礁也常"谈虎色变"。这些在水下的大大小小的礁石，不知使多少航海者遇难！人类付出了许许多多的生命作为代价，才换来了对大海里的礁石分布的基本了解。这些暗礁被画在图上，警示后来者。如果不是无数先行者的牺牲，那么再高明的舵手也难免要吃暗礁的苦头。

在行星际空间，大大小小的小行星和流星体就是威胁宇宙航行的"暗礁"。更糟糕的是，它们都是活动的，因而无法标在图上预先避开。今天在太阳系里能观测到的小行星就有约 70 万颗！而无法发现的还不知有多少颗呢！这种小行星直径总在几十米以上，而对飞船来说，即使是乒乓球那样大小的"礁石"，由于它们的速度高达每秒几十千米，所以一旦撞上飞船，也足以致命。因而，人类总得找出办法来对付它们。让我们乐观地等待吧！

基本小知识

宇宙飞船

　　宇宙飞船，是一种运送航天员、货物到达太空并安全返回的一次性使用的航天器。它能基本保证航天员在太空短期生活并进行一定的工作。它的运行时间一般是几天到半个月，一般乘 2～3 名航天员。

🔭 天王星的卫星

　　天王星的卫星简称天卫。至今已确认天王星有 29 颗卫星，并且在 1948 年以前发现的 5 颗天卫均属于规则卫星。

　　天卫一：天王星的卫星之一。是拉塞尔在 1851 年发现的。它在距天王星中心 19.1 万千米外围绕天王星旋转，周期为 2.520 天，质量约为 1.27×10^{21} 千克。

　　天卫二：天王星的卫星之一。一般认为它是拉塞尔在 1851 年发现的。它在距离天王星中心 26.6 万千米处绕天王星旋转，轨道周期为 4.144 天，质量约为 1.27×10^{21} 千克。

　　天卫三：天王星的卫星之一。是赫歇耳在 1787 年发现的。它在距离天王星中心约 43.7 万千米处绕天王星旋转，轨道周期是 8.706 天，质量大约是 3.49×10^{21} 千克，直径是 1000 千米，是 5 个卫星中最大的。

　　天卫四：天王星的卫星之一。是赫歇耳在 1787 年发现的。它在距离天王星中心大约 58.4 万千米处绕天王星旋转，轨道周期是 13.46 天，质量大约是 3.03×10^{21} 千克。

　　天卫五：天王星的卫星之一。是柯伊伯在 1948 年发现的。它距天王星中心平均为 13 万千米，轨道周期为 1.4135 天，质量约是 6.3×10^{19} 千克。是五个卫星中最小的一颗，直径只有 240 千米。

知识小链接

杰拉德·彼得·柯伊伯

杰拉德·彼得·柯伊伯（1905—1973），荷裔美籍的天文学家，他发现了天卫五和海卫二。他是柯伊柏带假说的提出人之一。1944 年时他发现火星大气含有二氧化碳以及土卫六有富含甲烷的大气层。柯伊伯发现了几个联星并以"柯伊伯号码"编号，如 KUI79。柯伊伯一生大部分的时间都在芝加哥大学。但 1960 年时他到了亚利桑那大学成立月球与行星实验室。直到他去世前他都是该实验室主任。

◑ 海王星的卫星

卫星是围绕行星运行的天体。它们表面反射太阳光，除了月球外，其他卫星的反射光都非常微弱，用肉眼通常不能直接看到。科学家依靠天文照相方法，利用行星探测器等发现了许多卫星。现在，除水星和金星尚未发现有卫星外，其他大行星都发现了卫星。

海王星的卫星就有 9 颗，8 颗小卫星和海卫一。其中海卫一是一颗非常特殊的卫星。海卫一与海王星平均距离为 354 800 千米，直径比月球略小，质量约为 2.147×10^{22} 千克，是海王星卫星中质量最大的一颗卫星。表面可能有大气。运行轨道为圆轨道，是一颗逆行卫星、规则卫星。绕海王星运行的速度为 4.4 千米/秒。绕行一圈约需 6 天。此卫星是 1846 年，拉塞尔在发现海王星后不久，用 1.2 米玻璃反射望远镜发现的。海王星的第二颗随从者，海卫二绕海王星运行一周速率为 1.12 千米/秒，直径为 240 千米，以椭圆轨道绕海王星运行，椭圆轨道很扁，离心率为 0.75，它是太阳系所有卫星中离心率最大的一个。它是 1949 年，柯伊伯用照相方法发现的。

🔘 火星的两颗卫星

　　火星是用战神玛尔斯的名字来命名的，而火星的 2 颗卫星则是以玛尔斯的 2 个儿子的名字来命名的。

　　火卫一是离火星较近的里面的那颗。它距火星中心大约为 9450 千米，质量约为 1.08×10^{16} 千克，表面有许多陨石坑，还有沟纹和环形山链。火卫一的运动很特殊，它差不多在火星的赤道平面上运行，运行方向为顺行。公转周期是 7 小时 39 分，其公转与自转同步，所以从火星上看，火卫一在赤道上空运行，每天有 2 次西升东落，而且只能看到它的一面。受火星起潮力的影响，火卫一正在不断接近火星。而火卫二正相反，火星的起潮力，使火卫二不断远离火星。火卫二是离火星较远的外面的那一颗。它距火星的中心大约为 23 500 千米，它 30 小时绕火星一周。对于火星的宇航员来说，火卫二是一颗从东向西在空中慢慢移动的小亮点（从升起到落下需 60 小时），火卫二和火卫一的外形都是黑色的不规则物体，宛如畸形的马铃薯，它们的发现人是美国天文学者霍耳。

知识小链接

环 形 山

　　环形山通常指碗状凹坑结构的坑。月球表面布满大大小小的圆形凹坑，称为"月坑"，大多数月坑的周围环绕着高出月面的环形山。

🔘 火山频发的卫星——木卫一

　　木星共有 66 颗卫星。其中最大的 4 个卫星，是伽利略最先用望远镜看到的。他把它们分别叫作木卫一、木卫二、木卫三、木卫四。木卫一是我们迄今在太阳系内所观测到的，火山活动最为剧烈的天体。通过美国发射的"旅行者"探测器观察，我们得知，木卫一上火山活动的规模十分惊人。据估计，火山喷发物平均每年可以在表面覆盖一层厚约 1 毫米的物质。木卫一表面很长很窄，呈暗黑色，有长达 300 千米的火山流。火山流由硫黄组成，使木卫一成为太阳系里表面呈最红颜色的天体之一。木卫一的表面有 200 个火山口，直径大于 20 千米，而同样的火山口，地球上只有 15 个。木卫一绕着木星转圈子，公转的时间约是 42 小时，它的直径为 3600 多千米，质量为 8.94×10^{22} 千克。

这颗火山爆发最剧烈的天体，对人类有过巨大贡献。科学家利用它帮助人类首次测量了光的速度，那时的结果虽然不很精确，却是迈向成功的第一步。

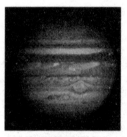

哈勃拍摄的木星

木星大红斑

碎片撞击木星发出的闪光

"伽利略"号在木星上空

木 星

我们的太阳系

　　太阳系就是我们现在所在的恒星系统。它是以太阳为中心，和所有受到太阳引力约束的天体的集合体：8颗行星、至少165颗已知的卫星，和数以亿计的太阳系小天体。这些小天体包括小行星、柯伊伯带的天体、彗星和星际尘埃。本章介绍了太阳系的历史、成员，以及与之相关的各种内容。

日食现象

地球绕着太阳转，月球绕着地球转。有时候，月球正好转到地球与太阳之间，把太阳遮住了，这种现象就叫日食。如果太阳完全被遮住了，就叫日全食。日全食发生时，地球上的人就看不见太阳了。此外，当太阳中间部分的光线被月球遮住，边缘部分的太阳光未被遮住时，叫月环食。月球只遮住部分太阳光，我们只见到部分太阳时，这种现象叫作日偏食。

日 食

科学家们非常珍视日全食现象，因为这时是天文观测的宝贵时机。只有这时，才能准确地计算出星光经过太阳近旁时偏折的角度。因为平时太阳的光芒太耀眼，星星的光根本看不到。唯一的机会就是在发生日全食的时候，太阳光被遮住了，星光就露出来了。测算办法是这样的，在日全食时，拍摄下太阳附近的恒星位置的照片。要知道，这时拍摄下来的并不是恒星的真实位置，而是星光偏折以后我们看到的恒星位置。过半年以后，地球转到了太阳和我们拍摄过的恒星之间，这时再照相，得到的就是恒星的真实位置了。前后两张照片一对比，看看日全食时恒星的位置改变了多少，就算出星光经过太阳近旁时偏折的角度了。

月食现象

有一个古老的传说叫"天狗吃月亮"，说的是本来满月当空，突然却不见了，天一下子暗下来了，这时候，老人们就认为是天狗把月亮吃掉了。于是就敲响铜锣，赶跑天狗，还给我们可爱美丽的月亮。其实，这种现象在天文学上叫月食。满月的时候，由于地球遮住日光，我们在地球上就看不到明亮的月亮了。月食分为月全食和月偏食。月食形成的原因是很清楚的，而且也很容易理解。太阳、月亮、地球三者在不断运动之中，地球和月亮由于太阳光的照射，都拖着一条长长的影锥。当三者的位置处于一条直线，或接近一条直线时，如果地球的影锥扫到月球上（地球处于

月　食

太阳和月球之间）就会发生月食现象。当地球的本影（地球全遮住太阳光）扫到月球上，就会产生月全食；当地球的半影（地球只遮住部分太阳光）扫到月球上，就会产生月偏食。通常一年中有两次月食现象发生，但是出现月食的条件是必须有满月，如果在月食可能出现的"季节"里不发生满月，那么这一年，可能一次月食也没有。

太阳黑子

如果你仔细观察太阳，会发现太阳美丽的脸上常常出现一些暗黑的斑点，这些斑点就是我们说的太阳黑子。科学家们认为，黑子的产生，是太阳上物质激烈运动而形成的一种现象。通过长期的观察，就会发现，黑子数目的变化有一定规律。有的年份黑子较多，有的年份较少。黑子数目变化的周期，就是太阳活动强弱变化的周期。黑子大量出现，

拓展阅读

无线电通信

利用无线电波传输信息的通信方式称为无线电通信，它能传输声音、文字、数据和图像等。与有线电通信相比，不需要架设传输线路，不受通信距离限制，机动性好，建立迅速；但传输质量不稳定，信号易受干扰或易被截获，保密性差。

就表示太阳上物质运动达到了高峰。太阳黑子数目变化的周期是 11 年左右。黑子的形状很不规则，大小也不一样。其实我们看到的黑子只是在太阳明亮背景反衬下显得很黑，它们的温度有 4000℃还多。

太阳黑子的出现对地球上人们的生活有很大的影响。它影响我们的无线电通信，飞机、轮船和人造卫星的安全航行，也影响到地球上气候的变化，植物的生长，地震发生的次数。更有趣的是它对我们的身体也会产生影响。观察黑子，既可用望远镜，也可以肉眼。不信你可用黑色玻璃等试一试，你会有所发现的。

◆ 月 相

"你看月亮的脸偷偷地在改变"，这句歌词形象地说明了月相变化的特点。月相是指月球视面圆缺变化的各种形状的统称。月球是不停地绕地球旋转的卫星，而地球则绕太阳转动。所以，太阳、地球和月球三者在宇宙的相对位置是不断变化的。这样，我们在地球上看到的被太阳光照亮的月球部分的形状也有规律地变化，从而产生了月相的变化。

当月末和月初，月亮运行到地球与太阳之间时，从地球上看，月亮与太阳位于同一方向。白天，月亮从我们头顶上经过，完全隐没在太阳的光辉里，我们看不到它，而当日落时，它也跟着落到西方地平线以下，即日月同升同落。所以在夜间我们看不到月亮，即月黑之夜（农历初一时）。农历初三、初四，一弯"新月"挂在天空中，初七、初

你知道吗

农 历

农历是中国长期采用的一种传统历法，它以朔望的周期来定月，用置闰的办法使年平均长度接近太阳回归年，因这种历法安排了二十四节气以指导农业生产活动，故称农历，又叫中历、夏历，俗称阴历。农历是中国目前与格里历（即公历）并行使用的一种历法，人们习称"阴历"，但其实是阴阳历的一种，即夏历，并非真正的阴历。

八时，月亮转到太阳东边，从地球上看半个月轮是明亮的，这是"上弦之月"。此后月亮一天天变圆。到农历十五时，月亮、太阳呈180°，在同一平面时，日月相望，月亮的整个明亮的部分对着地球。之后，明亮的部分开始"亏损"，在农历二十三、二十四的半夜时，月亮才升起，农历二十五、二十六，只剩下细细的一弯"残月"，到月底时就看不见月亮了。之后，一个新的朔望月又开始了。

新　月

☛ 月到中秋分外明

在各种岁令时节中，最富有诗情画意的要算中秋节了。人们一直都认为中秋夜的月亮，是最大最圆最明亮的了。其实一年中月亮真正最明亮的时候，并不在中秋。天文学家告诉我们说，月亮离天顶（天顶距角）愈远，它的光变愈弱，亮度也越差。望月时，月亮离地平线的角度是经冬至前后为最高，夏至前后为最低。满月最亮之时，其实应该在冬至前后。而且实际上若以明月照射地上的时间来算，一年中仍以冬至前后的望月普照时间为最长。至于农历八月十五的月亮是否比其他月份望月时大，要看月亮绕地球在近地点，还是远地点。如果中秋节月亮恰好在远地点，月亮只会看得小，不会看得大。那么自古以来，为什么人们都认为中秋之月最圆最明亮呢？这主要是与人们的心情和气候有关，冬至月亮虽大又明，但天气寒冷，无法欣赏，而中秋时节，秋高气爽，人体最感舒适，兴致也高，何况秋天是丰收的季节，心情格外高兴，这时空气透明度也高，温度也低了，因此月亮当然显得分外光明，也特别圆特别大了。

中 秋 节

中秋节是中国的传统节日，为每年农历八月十五。八月为秋季的第二个月，古时称为仲秋，因处于秋季之中和八月之中，故民间称为中秋，又称秋夕、八月节、八月半、月夕、月节，又因为这一天月亮满圆，象征团圆，又称为团圆节。

◉ 月球可能曾有自己的卫星

月球围绕地球旋转，是地球唯一的天然卫星，而在月球周围则没有绕着它旋转的卫星。但是天文学家认为在数十亿年以前的一段时期，月球曾拥有若干个自己的卫星——小月球。每个小月球绕着月球旋转，它们的直径至少有30千米。到了距今42亿～38亿年的时候，小月球由于月球引力，围绕月球赤道运转的轨道变得很不稳定，它们便一个接一个地从旋转轨道上"跌"落到月球上，在月球表面砸开了很多巨大的盆地。

小月球陷入时，在月球表面形成的盆地，被称为"月海"。宇航员从月球上带回的月岩，经过科学家分析，发现月海下的物质密度明显高于月面其他地区。同时还证实了，月球的极点在几十亿年前，曾经转动过多次。科学家推测，这极点的位移，也许是小月球每次对月球的撞击所造成的，这种撞击使月球的极点位置频频发生移动。现在，科学家们已经发射了许多颗"人造小月亮"（人造地球卫星），但是，他们还是希望有朝一日能探索出真正的小月亮的奥秘。

◉ 海市蜃楼

"红日初升"、"残阳如血"，日出、日落这是大自然中最普通不过的景观了。仔细观察，你也许会发现明丽庄重的太阳会有许多美妙的变化。

广角镜

海市蜃楼得名的由来

　　平静的海面、大江江面、湖面、雪原、沙漠或戈壁等地方，偶尔会在空中或"地下"出现高大楼台、城廓、树木等幻景，称为海市蜃楼。古人归因于蛤蜊之属的蜃，吐气而成楼台城廓，因而得名。蜃景常在海上、沙漠中产生。海市蜃楼是光线在沿直线方向密度不同的气层中，经过折射造成的结果。

　　悬挂在地平线上的太阳，悄悄变换了面孔——灿烂的笑脸变成了扁圆或三角形，有时还会像雨雾中隆起的蘑菇，容颜也会有些小小的变化。不仅如此，太阳还会调皮地忽上忽下、跳跃、抖动。这些现象，就是天文学家所说的海市蜃楼景观，它是大气中光线折射或反射形成的幻影。

　　在地球表面，当太阳接近地平线时，太阳的万道光芒水平地射向它哺育下的万物，透过那里密度不一、层次各异而时常变化无穷的大气观察太阳，人们就会看到太阳的不同形状：拉长的、扭曲的……发挥你的想象力，就可能赋予它们不同的生命或阐释。当太阳光线透过受热的空气，它们不停地对流、流动，光线也随之改变着方向，太阳似乎就在摇摆。这样，我们就看到了太阳"活泼好动"的一面了。其实，一切都是大气捣的鬼。

▶ 太阳在 "颤抖"

　　太阳有一种奇怪的周期性"颤抖"现象，这是指它的半径会经历收缩—伸张—收缩的重复过程。太阳每"颤抖"一次的周期是很长的，约为76年，随着太阳半径的增大与缩小，太阳的亮度也会随之而变化。尽管太阳"颤抖"时，它的半径变化率仅占整个太阳半径的0.02%，但它对地球的气候已造成了一定影响。据观测，当太阳半径变大时，太阳黑子就相应减少。这时正处在76年变化周期的初期，太阳处于"较冷"的阶段，地球上各地的气温也相对较低。而在这之后的18.5年，太阳的亮度达到最大值，而这个最大值又将导致地球上出现相对的高温天气。我们知道，太阳黑子不一般，它对地球的影响很大。有的科学家认为，地球上的许多现象的变化都同太阳黑子有关，如树木年轮的变化，甚至海虾收成的丰歉也同黑子数目有密切联系。在黑子最多的那一年，海虾的产量最大。可见，太阳"颤抖"也会影响地球。

知识小链接

年 轮

年轮，指鱼类等生长过程中在鳞片、耳石、鳃盖骨和脊椎骨等上面所形成的特殊排列的年周期环状轮圈，也指树木在一年内生长所产生的一个层，它出现在横断面上好像一个（或几个）轮，围绕着过去产生的同样的一些轮。

太阳发出的 "声音"

曾经有人发现无线电收音机收到一种带啸音的特殊信号。这种信号在日出时出现，到日落时就中止，夜里也听不见。于是科学家自然得出一个结论：带啸音的信号是太阳发出来的。后来这个结论得到了证实。科学家们发明了带"听觉"的天文望远镜——射电天文望远镜来观测太阳上所发生的事情。他们发现，太阳上的强烈扰动和地球上的磁暴的最初的报信者，往往正是太阳所发出的那种带啸音的信号，大约在太阳上的强烈扰动的两三天以前，射电望远镜就开始收到这种信号。那么日食时，人类还能收到太阳的信号吗？1947 年，科学家对这个问题进行了研究。当日全食来临时，太阳的最后一道光标消失在月球背后，射电天文望远镜所收到的带啸音的信号虽然减弱了一些，但还是相当显著。甚至在日全食的时候，太阳的声音还在继续传到地球上来。可见月球并不能把太阳的无线电发射源遮断。科学家们还说，太阳的无线电信号不全是从太阳里面发出来的，有的是从日冕上发出来的。

▶ 太阳系的成员

太阳系是指由太阳和在太阳引力作用下围绕太阳运转的天体、尘埃粒子和气体组成的体系。太阳系包括太阳、大行星、行星的卫星、数万颗小行星、成千上万颗质量很小的彗星、流星体和极稀薄的气体尘埃。太阳质量占太阳系总质量的 99% 以上。太阳每秒钟辐射出大约 910.25 卡的能量。人类已经知道的太阳系的大行星有 8 颗，按离太阳由近及

太阳系

远的顺序排列为水星、金星、地球、火星、木星、土星、天王星、海王星。其中木星、土星、天王星、海王星称为巨行星（它们的体积为地球体积的 15 ~ 318 倍），水星、金星、地球和火星的大小和质量相近，因此称它们为类地行星。至今为止在太阳系内已经发现了 70 万颗小行星。彗星的体积很大而质量极小。流星体是指形成流星亮光的本体，是太阳系内颗粒状的碎片，其大小可以小至沙尘，大至巨砾。它们在穿经地球大气时，一般都被烧尽，也有少数比较大的落到地面，称为陨星。太阳系是银河系的一部分，距银河系中心约 10 秒差距（一秒差距为 3.26 光年）。一般认为太阳系年龄大于 46 亿年，在 46 亿 ~ 50 亿年。

基本小知识 👆

流　星

流星是指运行在星际空间的流星体（通常包括宇宙尘粒和固体块等空间物质）在接近地球时由于受到地球引力的作用而被地球吸引，从而进入地球大气层，并与大气摩擦燃烧所产生的光迹。

太阳系的历史

大约在 50 亿年以前，太阳系还是一片原始的混沌世界。它不过是由极冷的氢原子、一氧化碳和甲醛等分子和细小得肉眼无法看见的碳元素、硅元素颗粒所组成的气体云的一部分。这种气体云叫暗星云。暗星云由于本身的引力而收缩，当收缩到一定密度时，内部出现了旋涡流，使得整个星云四分五裂，破碎成百个，甚至几千个小星云，其中之一就是形成太阳系的原始星云。

由于原始星云是在旋涡流中形成的，所以一开始它就自转。这样，原始星云一方面自转，一方面由于自身吸引力而收缩，使星云逐渐变扁，后来形成了连续的、扁扁的、内薄外厚的星云盘，这就是所谓原始的太阳系星云。这个原始星云的中心部分在收缩过程中密度不断增大，最终形成了自己发光发热的太阳。而周围的部分，尘粒相互碰撞、相互吸引，形成大颗粒，大颗粒又吸引周围的气体尘埃，逐渐变大，终于在 1 千万年左右时间内，形成了像行星那样的大小的天体。这就是太阳系的形成史。

太阳的构造

太阳是太阳系的中心天体和距离地球最近的恒星。它是唯一近到可以从地球上看清表面细节的恒星。太阳的可见表面称为光球。光球为一不透明的气体薄层，厚度大约是 500 千米，辐射出太阳能量的绝大部分。用望远镜仔细观察光球可以看到它的表面上存在的斑点结构，科学家把这叫作米粒组织。"米粒"直径为 300 ~ 1450 千米，形状为不规则多边形，持续时间是 7 ~ 10 分钟。整个光球上大约有 400 万个米粒。光球之上是 5000 千米厚的内层大气，称色球层。色球层相当透明，它是一个剧烈活动区，日全食时能够看到它像一个带颜色的亮弧。在太阳的色球层之上则是极其稀薄的高温日冕。日冕的亮度很微弱，只有在日全食时用日冕仪才能看到。在太阳黑子活动极大年时，日冕的形状呈球形，冕流向各个方向延伸；而在太阳活动极小年时，赤道方向的冕流可延伸到几个太阳半径处。日冕的形状、结构和密度都随着太阳表面活动的强弱而变化。经计算，太阳内部的热核反应所提供的能量足以维持太阳 100 亿年寿命。

知识小链接

太阳的结构

组成太阳的物质大多是些普通的气体，其中氢约占 71.3%、氦约占 27%，其他元素占 2%。太阳从中心向外可分为核反应区、辐射区和对流区、太阳大气。太阳的大气层，像地球的大气层一样，可按不同的高度和不同的性质分成各个圈层，即从内向外分为光球、色球和日冕三层。

▶ 太阳的光和热从哪里来

在寒冷的冬季，如果在外边点燃一堆篝火，就会感到温暖而明亮。太阳是一团炽热的气体，它上面当然没有可供燃烧的木柴或煤了，何况太阳至今已经有近 50 亿岁了，哪有那么多木柴和煤烧呀（假设太阳用煤供热，每秒钟至少要烧掉 1125 亿亿吨煤）。随着科学事业的进展，科学家已经探明，原来太阳有它自己特有的燃料，就是氢元素（约占其质量的 71%）。太阳内部的温度高达 $2 \times 10^7 ℃$。在这种高温高压条件下，物质的质点都以每秒几百千米的速度运动着，它们之间互相猛烈地碰撞着，不断地进行着由四个氢原子聚变成一个氦原子的热核反应。太阳在每一秒钟发出的热量能在一小时内把 2.5×10^9 立方千米的冰融化成水，而且还能把这些水烧开。经科学家计算，这种热核反应所提供的能量足以维持太阳 100 亿年的寿命。而此时的太阳只不过是处在它的青年时期而已，它还要工作几十亿年才能退休。

日 冕

日冕是太阳大气的最外层，从色球边缘向外延伸到几个太阳半径处，甚至更远。日冕可人为地分为内冕、中冕和外冕三层。内冕从色球顶部延伸到1.3倍太阳半径处；中冕从1.3倍太阳半径延伸到2.3倍太阳半径，也有人把2.3倍太阳半径以内统称内冕；大于2.3倍太阳半径处称为外冕（以上距离均从日心算起）。广义的日冕可包括地球轨道以内的范围。

日冕温度有 1×10^6℃，粒子数密度为 1×10^{15} 立方米。在高温下，氢、氦等原子已经被电离成带正电的质子、氦原子核和带负电的自由电子等。这些带电粒子运动速度极快，以致不断有带电的粒子挣脱太阳的引力束缚，射向太阳的外围，形成太阳风。

知识小链接

电 离

电离，或称电离作用，是指在（物理性的）能量作用下，原子、分子形成离子的过程。电离大致可细分为两种类型：连续电离和非连续电离。在经典物理学中，只有连续电离可以发生。非连续电离则违反了若干物理定律，属于量子电离。

日冕发出的光比色球层的还要弱。所谓"日冕"的光芒实际上来自于太阳的外部大气层，其亮度只有太阳本身的百万分之一，因此日冕只有在发生日食时才能被看到。日冕产生的光辉虽然只有整个月球反射太阳光的一半，但是在发生日食时，正是日冕发出的光芒才未使整个世界陷入一片黑暗。

日冕还产生其他一些奇特的谱线，但这并不意味日冕中还存在什么未知的元素。反之，这些谱线说明日冕中所含元素的原子中都含有不同数量的电子，而在高温条件下，某些电子将脱离原子的束缚。

知识小链接

谱　线

谱线是在均匀且连续的光谱上明亮或黑暗的线条，起因于光子在一个狭窄的频率范围内比附近的其他频率超过或缺乏。谱线通常是量子系统（通常是原子，但有时会是分子或原子核）和单一光子交互作用产生的。

日冕并没有突出的边缘，而是不断延伸，逐渐与整个太阳系融为一体，并在延伸的过程中逐渐减弱，直至对行星的运动无法构成任何可观的影响为止。太阳蕴含的热量将驱使带电粒子沿不同方向向太阳外部进射，美国物理学家尤金纽曼巴克尔于 1959 年时曾经对此做出预言。1962 年，"水手 2 号"探测器升至太空抵达金星时所探测到的结果验证了这个预言。这种带电粒子的进射被人们称为"太阳风"，其速度为 400～700 千米/秒。太阳风的作用使各彗星的尾部均指向背离太阳的方向。同时，构成太阳风的带电粒子还会不断撞击各个行星，而且如果行星上具有南北极（正如地球上那样），那么带电粒子将由其北极向南极运动。

▶ 太阳的晚年

太阳将如何度过其晚年呢？现代天文学的研究认为，几十亿年后，太阳将比现在燃烧得更猛烈，也亮得多。这就将消耗掉它越来越多的核燃料，直到剩下一点氢。然后，在未来的某一时刻，太阳核心的一切核反应都将停止。一旦太阳进入晚年，它的内部不再有较多的氢燃料遗留在里面，于是很快的，它的内核不再燃烧，最后收缩为一个小而热的、致密而暗淡的核。而太阳的外区则成为一个物质松散地联系在一起的气球体。内部收缩时产生的激波会将太阳的外层物质向外推，越推越远，外层就会迅速膨胀，在短时间内胀大几百倍，与此同时冷却下来，温度下降几千倍。

最后，太阳将成为一颗冷而亮的红巨星。它的体积将扩大到占有地球绕日轨道以内的整个空间。它发出的耀光在几千光年以外都能目睹。等到太阳外层的气体一点也不剩的时候，剩下的只有一个炽热的白色的核，而这个核将不断收缩，发射完了它仅存的能量后，就不存在太阳了。

太阳耀斑

我们知道，太阳表面分为三个层次：光球、色球和日冕。平常我们用肉眼所看到的，其实是太阳的光球，光球上部为色球层。用单色光观测色球层，有时会看到局部区域里不时出现亮度突增的现象，称为耀斑，又叫太阳色球爆发。它持续时间从几分钟（小耀斑）到几小时（大耀

你知道吗

氢弹

氢弹又称热核武器，是核武器的一种。主要利用氢的同位素（氘、氚）的核聚变反应所释放的能量来进行杀伤破坏。

斑）。耀斑爆发时会释放出巨大的能量。一个大耀斑，在短短一二十分钟内释放出的能量相当于地球上 10 万乃至 100 万次强火山爆发所释放出的能量的总和，就像 100 亿颗百万吨级的氢弹同时爆炸。耀斑是太阳上最强烈的活动现象，对地球的影响很大。耀斑能量大多是紫外线辐射，也发出强 X 射线，还有宇宙线和高能粒子。太阳爆发所产生的高能粒子，一边发出强大的无线电波，一边飞离太阳，以每秒 1000 千米的速度扩散到太阳周围的星际空间。当它们到达地球后，就会引起磁暴，破坏地球大气的电离层，使短波无线电通信受阻，甚至短时间中断。对于这种破坏者，人类是无能为力的。

日出美景

如果你生活在海边，在天气晴朗的早晨，常常会看到云海日出的壮观景象。那么，日出美景是怎样形成的呢？

　　其实，日出美景的形成，首先在于太阳光本身具有红、橙、黄、绿、青、蓝、紫等不同波长的光谱。其次是地球表面包围着一层厚厚的大气层——气体"魔术师"的杰作。大气具有折射、散射的光反射和散射的能力。当太阳光穿过大气层照射大地时，大气层的空气分子密度是不均匀的。因此，当太阳光通过大气时便发生散射。而光的散射有一个规律，就是波长越短的光散射得越厉害，因此散射较多的是紫光和蓝光。白天由于人对紫光不敏感，又因为散射是四面

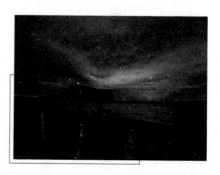

瑰丽的日出美景

八方的，所以从各个方面看天空都是蓝色的。而由于地球的自转运动，使阳光在早晨斜射时穿过大气层的厚度与中午当头照射时穿过大气层的厚度相差很大。日出时，光线穿过大气层的厚度为中午时大气层厚度的 35 倍。大气层越厚，阳光中蓝、紫色光成分越弱，太阳的光辉由白变黄，最后变红。这黄红色的光，照射到大气层上，使云层带上了黄或红的颜色，美丽的朝霞就形成了。

▶ 绿色的太阳

　　我们看到的快要沉没的夕阳通常是橙红、橙黄或土黄色。可是，在我国新疆北部准噶尔盆地一带，日落时却常常能在瞬间观察到绿色的太阳。那嫩草一样绿的光辉真是美妙极了。

　　为什么会有这样的美妙的绿色光呢？这是大气折射作用所产生的一种自然现象。太阳通过大气层时的折射作用，以地平线附近最为显著。当大部分太阳光已在地平线下，只有很小一部分露在地平线以上时，其边缘部分发光点通过大气折射而分离出不同颜色的光波，紫色光和蓝色光极易遭到大气分子的散射，不能射入人的眼帘，只有绿色或淡青色的混合光在条件适宜时才

能被看到。也就是说，要看到绿光，要有一定的条件，如日落时大气透明度良好，天空中水汽含量小。如果太阳接近地平线时，本身常见的黄、白色光很少改变，而且落下去时很明亮，那么就有可能出现绿光。并且观察时要选择一个适当的地方，远处的地平线必须是十分清楚的，也就是没有树等障碍物阻挡视线。看来要欣赏那美妙的一瞬间的绿色还真不容易啊！

知识小链接

准噶尔盆地

　　准噶尔盆地位于我国新疆的北部，是中国第二大的内陆盆地，在天山、阿尔泰山及西部的一些山脉之间。盆地呈不规则三角形，地势东高西低，海拔为500～1000米，平均海拔400米，盆地西南部的艾比湖湖面海拔仅190米。盆地中部为草原和沙漠，边缘则是山麓和绿洲。

▶ 美丽的日珥

广角镜

日全食对地面的影响

　　与阴雨天云层遮住太阳不同，日全食发生时随着月球遮挡住太阳辐射，大气层高处的电离层也会发生一些相应变化。这暂时会对信号需经过电离层反射的无线电中波、短波通信造成一定干扰，使用超短波的调频广播、手机、无线上网等则不受影响。日全食还可能造成地球上局部地区降温。

　　1842年7月8日发生了日全食。眼看着月球的影子在地球上跑过，月球像一面巨大的屏风似的移到了地球和太阳之间。日全食的时刻即将来临，对观测者来说，这是最重要的一刹那。太阳只剩下弯弯一角，之后，就隐没在月球后面了。这时，月球周围，有一圈柔和的银白色的光芒，肉眼勉强看得见的光线向四面放射得很远，活像是有一只美丽的银翅膀的蝴蝶飞到了天上去，落在月球后面。在月球的边上，有三个亮晶晶的粉红色突出物，颜色很像被朝霞照亮的雪峰，它们像火焰般的花朵一样闪烁着、燃烧着，这就是日珥。起初科学家们并没有弄清楚那是什么，但 1851 年 7 月 28 日的日全食时，天文学家们又注意到在黑色月球的周围，有长长的一排粉红色火舌。这些火舌的形状千差万别：有的像鹿角，有的像花，有的像云，有的像喷泉。有的比地球要大几百、几千倍。直到 1860 年 7 月 18 日日全食时，天文学家做了比过去任何一次都充分的准备，准确地认定那些突出物属于太阳，于是为其起名为日珥。

◑ 古人眼中的太阳

太阳，每天赐给我们光明，并且从很远的地方给我们送来温暖，因为它，地球才充满生机。太阳是我们生命的源泉。

在相当长的历史时期里，古人把太阳作为神来崇拜。希腊的太阳神名字叫阿波罗，阿波罗每天把太阳载在金光灿灿的马车上从东边的大海登上天空，晚上隐没在西方的大海里。后来，开始从事农耕的人类，为了知道季节而开始了对太阳的观测。在中国，传说在公元前 27 世纪黄帝时期，已经有了专司天文的官员"羲和"负责观象授时。尧帝时期还派官员到山东半岛去祭祀日出，目的是祈祷农耕顺利。这些都是由于古人对于天象的无法理解，而对太阳产生出的敬畏感。太阳对于地球上的人们，乃至地球上的一切，无疑是非常重要的。天文学家对太阳作为远离地球的天体之一的研究已经有了飞速的发展，我们对太阳的了解已日益深入和准确了。

◑ 太阳光谱

就像用重锤敲钟会发出特殊音调那样，各种原子放在火上，或电弧中，或放入电管中，都会放出特殊颜色的光。牛顿让阳光穿过棱镜，发现太阳光是由各种光组成的彩虹。用同样的方法，现代光谱学家用更精密的仪器可将任何一种光分解成这种光的组合颜色。这种彩虹之所以产生，形成一种光谱，是由光相交而成的。天文学家可用这种光谱来确定恒星离去或靠近的速度。通过这种光谱检测，技术高超的光谱学家可以马上告知此种光的原子类型，因而分光实验成了对现有物质最为精确的实验方法之一。

科学家发现，太阳光谱除了包括无线电波、红外线、可见光、紫外线外，还由某些暗线相交而成。这些暗线表明阳光中存在着地球上常见的一些元素：氢、钠、钙和铁。这些物质的原子吸收了所有颜色的光，所以这些暗线没有反映在太阳光谱上。

奇妙的天上景观

　　天空是日月星辰罗列的广大空间。它不仅指地球大气层以外的空间，还包括地球大气层的空间。在天空上，有各种奇妙的景观，例如日月星辰，以及各种天文奇观。本章主要为读者们介绍各种在地球上难以见到的天上景观。

美丽的土星环

土星环

土星的光环使土星成为太阳系中最美丽的行星之一。1610 年，意大利科学家伽利略用他的一架很简陋的望远镜观测太空时，发现在土星球状本体旁有奇特的附加物，在望远镜中状如"手柄"。

1659 年，另一位科学家惠更斯用一架改进了的望远镜认出该附属物是离开本体的环。

到了 19 世纪晚期，人们终于发现，土星环是由无数个小卫星构成的物质系统。这些小卫星都在土星赤道面上绕土星旋转。美国天文家基勒在 1895 年用光谱证明环的里部比外部转动得更快。

> ### 知识小链接
>
> #### 光 谱
>
> 光谱是复色光经过色散系统（如棱镜、光栅）分光后，被色散开的单色光按波长（或频率）大小而依次排列的图案，全称为光学频谱。光谱中最大的一部分可见光谱是电磁波谱中人眼可见的一部分，在这个波长范围内的电磁辐射被称为可见光。

用现代精密度高的望远镜观测，土星环显得分外美丽。土星环的厚度平均不超过几十千米，直径则约为 272 670 千米（约为地月距离）。土星环主要有中环（1.5～2 个土星半径），外环（1.2～2.3 个土星半径）以及内环（1.2～1.5 个土星半径）。每个环上都有许多各种形状的精细结构。此外，新近还发现另外一些比较暗弱的环围绕土星。"旅行者 1 号"和"旅行者 2 号"

在飞越土星时，发现了土星环鲜为人知的内在秘密。原来，土星环是环环相套的，数目繁多，看上去像一张硕大无比的密纹唱片上那一圈圈的螺旋纹路。土星光环结构复杂，千姿百态。大部分的光环是光滑匀称的，但还有的环是锯齿形状，有的环如辐射状等。形形色色的土星环让人眼花缭乱。所有的环都由大小不等的碎块颗粒组成。大小相差悬殊，大的可达几十米，小的不过几厘米或者更小。它们的外层是一层冰壳，由于太阳的照射，从而形成了动人的明亮光环。土

你知道吗

土星的名称来源

土星是中国古代人根据五行学说（按照五行学说即木青、金白、火赤、水黑、土黄）结合肉眼观测到的土星的颜色（黄色）来命名的。而其他语言中土星的名称基本上来自神话传说。

星光环延伸到土星以外辽阔的空间，土星外环距中心有 10～15 个土星半径，土星光环宽达 20 万千米。透过土星环，可见其后面闪烁的星星。对于这些土星环的观测研究还在进一步进行，我们对它们的了解会越来越多的。

在月球上看星星和地球

　　站在地球上望星空，会令人产生许多美丽的幻想。可是你想过没有，站在月球上望星空数着星星那又是一种什么样的乐趣呢？随着科学技术的发展，人类登上月球的梦想早已变成了现实。站在月球上欣赏星空真是别有一番风味！

　　在月球上看见的天空永远都是黑色的，上面点缀着许多星星，也很明亮，但却不闪耀。太阳和星座同在黑色的天空中出现，太阳光能照亮月面上被直接照射的地方，而太阳光照射不到的地方就显得十分黑暗，原因是月球上没有空气，黑白交界十分明显，星星的光也不像在地球上看到的星光那样亮。

星　座

　　星座是指天上一群在天球上投影的位置相近的恒星的组合。不同的文明和历史时期对星座的划分可能不同。现代星座大多由古希腊传统星座演化而来，由国际天文学联合会把全天精确划分为88星座。

　　在月球上最有趣的是欣赏地球。当宇航员离开地球向着月球起飞时，地球在他的脚下；可站在月球上时，地球出现在头顶上。在月球上看地球，也会看到像在地球上看月亮那种位相的变化，有时地球是一个很大的半圆，有时只像娥眉，而且在月球上所看到的地球几乎是固定地停在黑色的天空中，像一个蓝色光球反复地进行着盈亏位相的变化。

◑ 天文奇观——"日月并升"

　　通常，我们所见到的都是太阳出现在白天，月亮在晚上才可以见到，可是在我国历史文献上却记载着罕见的"日月并升"的天文奇观。据历史文献记载，这种"日月并升"的奇观曾出现在浙江杭州湾北岸的海盐县。此县有一处旅游风景区叫作南北湖，湖边一村庄附近有一峰顶叫鹰窠顶，据记载"日月并升"就是在这里被欣赏到的。这个奇观的记载最早始见于明朝陈梁撰写的《云岫观合朔记略》（云岫观坐落于鹰窠顶的左下20米处）之中，历史上曾有许多文人来此观景。如黄宗羲、查慎行等都专程来观看过，并写文章加以记述。而当地看过这一日月奇观的人很多，据当地一位上了年龄的农民回忆：他曾2次在十月初一看过这一天文美景。

　　1980年杭州大学地理系组织了10多个天文爱好者，在11月8日（农历十月初一）早晨4时30分登鹰窠顶等候。当时星光灿烂，但6时18分太阳从海面跃出，霞光缥缈，那此时月亮到何处去了？忽见有一个黑影纵上日面，在日面上左右跃动，此时，日月相映成趣。对于这个奇观科学家还没有找出它的规律。

黄　宗　羲

黄宗羲（1610—1695），明末清初经学家、史学家、思想家、地理学家、天文历算学家、教育家，东林七君子黄尊素长子。汉族，浙江绍兴府余姚县人。字太冲，一字德冰，号南雷，别号梨洲老人、梨洲山人、蓝水渔人、鱼澄洞主、双瀑院长、古藏室史臣等，学者称梨洲先生。黄宗羲学问极博，思想深邃，著作宏富，与顾炎武、王夫之并称明末清初三大思想家（或清初三大儒），亦有"中国思想启蒙之父"之誉。

◤ 星空"合唱队"

美国有个叫斯格福的人，他是地球上极少数听到其他星球发出声音的人，并且他独出心裁，还合成了"太空音乐"。

美国科学家通过"探险者 2 号"宇宙飞船上的先进仪器接收附近星球上发出的无线电波。这些无线电波经过处理，就形成了独具魅力的"星球音乐"了。这些动人的"音乐"温柔优雅、婉转动听；有时又像起伏的波涛，深沉博大，使人难忘。这些"星球音乐"究竟是怎么回事，星空中"合唱队"又是怎么组成的呢？原来，行星发出的无线电波受到太阳风的冲击，太阳风中的一些带电粒子，经过行星的磁场时，产生振荡，如同琴弦被拨动。最轻的电子可以弹出最高音调；"合唱队"中的"男高音"是质子；比较重的离子，是"合唱队"中的低音"歌王"，发出浑厚低沉的声音。科学家发现，在已接收到的行星"音乐"中，土星的声音最神秘莫测，充满魅力。

◤ 彗星撞击木星的奇观

1993 年 3 月，卡罗琳·休梅克在帕洛玛山天文台用望远镜所摄的一张木星照片上发现了一个"瓦解中的彗星"（后被命名为休梅克－列维 9 号彗星）。

在她与同事细心研究之后，宣布这颗由 20 颗碎片组成的彗星将于 1994 年 7 月撞击木星。科学家们耐心地等候着，地球上几乎所有的天文设施都集中注视着那颗巨大行星，最重要的观察者是与木星的距离只有 246 亿千米的"伽利略"号宇宙飞船。这一刻终于到来了。第一块碎片以 20 千米/时的速度，相当于 20 兆吨 TNT 爆炸的力量猛撞木星大气层，形状好像羽毛一样的光柱高达 3000 千米。而最大的一块彗星碎片在木星同温层上打出了一个比地球还要大的黑斑。撞击碎屑纷纷进入木星的同温层，其模式同地球上的火山喷发十分相似。

休梅克 – 列维 9 号彗星的碰撞事件使科学家和世界上其他人士认识到：宇宙大碰撞真的可能发生。

知识小链接

伽利略号木星探测器

伽利略号木星探测器是 1989 年从"亚特兰蒂斯"号航天飞机上发射的，是美国航天局第一个直接专用探测木星的航天器。也是美国宇航局发射的最成功的探测器之一。它于 1989 年升空，1995 年 12 月抵达环木星轨道。美国时间 2003 年 9 月 21 日下午（北京时间 9 月 22 日凌晨），伽利略号木星探测器结束了在木星的 8 年使命，它按照预期撞向了这颗太阳系里最大的行星。

千姿百态的闪电

闪电是自然界中很平常的现象，我们都很熟悉。闪电的形状千姿百态，最常见的闪电是线状闪电。线状闪电的形状像细小的树枝一样，蜿蜒曲折地在天空中伸展，在霹雳声中展现在我们眼前。

此外，还有一种常见的闪电是带状闪电。带状闪电从云层底蜿蜒曲折地伸向地面，犹如一条宽阔明亮的飘带在飞舞。

链状闪电是一种极为罕见的闪电，发生时像一长串念珠，闪闪发光，从云底延伸向地面。这种闪电通常发生在极强烈的雷雨云中。

闪　电

最迷人的闪电是球状闪电，这种闪电有的犹如大火球，有的如小火球，其寿命大约为 10 秒钟。球状闪电破坏性很强，往往会击伤人或击坏物，还时常引起火灾。

由于云中的电场有强有弱，差异很大，云和地面之间电场分布也极为复杂，因此，就会形成千姿百态、形状各异的闪电。闪电的颜色大多数是白色的，有时也会出现橘红色和浅蓝色等不同的颜色。

基本小知识

雷雨云的形成条件

从局布条件来看，首先，大气的垂直层结构必须是不稳定的，以便诱发对流活动；其次，空气中要有足够的水分，能够满足云的生成。从天气背景来看，应当有促发局部对流的天气形势，如冷锋过境、正在填塞中的低压、反气旋后部、小波动以及高空下股冷空气活动等。雷雨云往往由积云发展而来，它是对流云发展的成熟阶段。一个发展完整的对流云，一般都有一个形成、成熟和消散的过程。

▶ 热闹的土星的卫星世界

迄今为止，已发现的土星的卫星共有 62 颗。土星的卫星如此之多，使得土星的卫星世界顿时热闹起来了。

最有趣、顽皮的要算土卫九了。土卫九到土星的平均距离是 1300 万千米，相当于月球到地球距离的 35 倍。它不但离土星远，行动也不讲规矩。它总沿着与众不同的方向逆行着，在众多卫星兄弟整齐划一的前进方向中特别

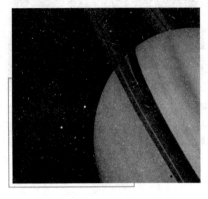

土星及其卫星

"别扭"。距土星最近的是土卫四十三，它与土星距离大约为13.4万千米，公转周期只有0.575天，也就是说，土卫四十三绕巨大的土星转一圈，半天多一点时间就足够了。而土卫九绕土星运行一圈则需要费时550天。更有趣的是，形形色色的土星卫星，并不是每颗星都有资格拥有专用轨道的。土卫四和土卫十二共用一条轨道，土卫十和土卫十一也都同处一个轨道，而飞船看到的土卫十三、土卫十六、土卫十七则三星共享一条轨道。可见，土星的卫星世界真是热闹极了。

宇宙中的 "百慕大三角" ——黑洞

我们都知道，地球上有个神秘的"百慕大三角"，无论飞机、轮船，只要接近那里，就会消失，迄今也没有确定是什么原因。

有趣的是，在宇宙空间中也有一个这样的"区域"，那里有强大的引力，以致任何东西，甚至连每秒钟跑30万千米的光都被它的引力拉住而跑不出去。这个"区域"不向外界发射和反射任何光线。同时，任何东西只要一进入它那个边界，也不能再"跑出去"。于是，这一片"区域"就成了名副其实的"黑洞"了。原来，黑洞是由晚年的恒星变成的。质量比较小的恒星，到了晚年，会变成白矮星；质量较大的会形成中子星；质量更大的恒星，到了晚年，就会变成黑洞。有科学家证明，黑洞也会向外发射粒子，黑洞的质量越小，发射粒子的速度就越快。例如，一个质量与太阳相当的黑洞，大约需要1066年才能"蒸发殆尽"。一个10亿吨的原生黑洞，竟能在10～23秒内就"蒸发"得一干二净。与此同时，它的温度可以上升到1.2×10^{11}℃。

▶ 八星连珠

太阳系中的大行星（水星、金星、地球、木星、土星、天王星、海王星）按照各自的轨道不停地绕着太阳转圈。它们围绕太阳公转的周期不同，所以在一般情况下，它们总是分散在太阳的各个侧面，但是有时，它们会同时运行到太阳的一侧，这种现象被称为"连珠"。

知识小链接

公　转

公转是一个物体以另一个物体为中心所进行的循环运动，一般用来形容行星环绕恒星或者卫星环绕行星的活动。所沿着的轨道可以为圆、椭圆、双曲线或抛物线。

那么，行星要多长时间才能聚会一次呢？公元前205年7月，五个肉眼能见到的行星都在早晨同时出现于东方天空，它们一字儿排开，像五颗珍珠一样连成一串，这是一个很美丽的天象，史称"五星连珠"。

八星联珠

不只如此，八大行星也会同时运行到太阳的一侧，称为"八星连珠"。1624年和1803年曾先后发生过八大行星会聚连珠在一起的天象。1982年，这种奇妙的天象再次出现。由于它们的各自体积有大有小，反射光的能力有强有弱，人们用肉眼只能看见金、木、水、土、火五大行星，而在天文望远镜中，你会看到，八大行星在蔚蓝色的天空中从东到西一个接一个好像一串珍珠似的，美丽极了。

"宇宙岛" ——河外星系

"宇宙岛"是指银河系外的主要由恒星组成的"星云"。它是由几十亿至几千亿颗恒星以及星际尘埃和气体物质等构成，范围达几千到几十万光年的庞大的天体系统。因为它们是银河系以外的天体系统，于是，又把这些"星云"称为河外星系。目前已发现大约 10 亿个河外星系，人们估计河外星系的总数在千亿个以上。它们如同海洋中的岛屿，所以称其为"宇宙岛"。天文学家在分析了星系的质量、组成成分等后发现，从椭圆到旋涡再到不规则星系的次序，似乎有如下规律：质量逐渐减小，气体含量增加，老年恒星减少。

广角镜

银河系得名的由来

银河系，又名天河。是太阳系所处的星系。它像一条流淌在天上闪闪发光的河流一样，因此得名，对北半球来说夏季看到的银河（在天蝎座、人马座延伸至夏季大三角，甚至仙后座）最明显，冬季银河很黯淡（在猎户座与大犬座）。

繁星满天

在晴朗的夜晚，你数过天上的星星吗？你一定会说太多了，数也数不过来呀。是的，远在几千年前，古希腊人便开始数星星的工作了。当时著名的天文学家希帕恰斯发现天上的星星有明亮一些的，也有暗一些的，于是他便按星星的明暗程度将星星分为不同等级，最亮的定为一等，次亮的定为二等，共划分为六等。其实，我们肉眼所能看见的全天空里的星星不过 6000 多颗，由于我们生活在地球上，晚上只能看到半个天球，所以我们一个晚上只能看到 3000 多颗星星。后来，人类发明了天文望远镜，人们通过这双"千里眼"，可以看到比六等星更暗的星星。按科学家观测和推算，银河系里大约有 2000 亿颗星星，而像银河系这样巨大的星系，宇宙目前已知有 10 亿个，这还仅仅是我们所能观测到的。而每个这样的星系中恒星的数目平均为 1000 亿颗。那就是说，除了银河系外，宇宙中有 10 亿亿颗星，我们当然数也数不过来了。

繁星满天

五颜六色的恒星

天上的星星，有一种叫恒星。恒星是由炽热气体组成的，能自己发光的一种球形或类似于球形的天体。只因此类星离我们实在太远，用肉眼很难发现它们在天球上的位置变化，因此古代人称它们为恒星。其实，这些天体并不是静止不动的。这些发光的恒星，颜色是五颜六色的，有的泛红，有的泛黄，有的泛白，有的泛蓝。恒星有不同的颜色，是因为这些炽热天体的表面温度不同。一般说来，红色星的温度是最低的，温度为 2000℃ ~3600℃，黄色星是 5000℃ ~6000℃，白色星有 7700℃ ~11 500℃，蓝色星温度最高，有 25 000℃ ~40 000℃。我们借助于望远镜，可以看到几十万甚至几百万颗以上的恒星。恒星的一生很长，并且它们同人的出生、长大、衰老、死亡一样，也有从生到灭的演化过程。它们的颜色也会随时光流逝而发生变化，只是它们的颜色变化非常缓慢。

新星和超新星

天空中有些恒星到了晚年，亮度会发生明显的变化，科学家叫它们变星。而有些变星的亮度在几天之内突然激烈增强，然后在几个月到若干时期内又

超新星的命名方式

当国际天文联合会收到发现超新星的报告后，他们都会为它命名。名字是由发现的年份和一至两个拉丁字母所组成：一年中首先发现的 26 颗超新星会用 A～Z 的大写字母命名；而第二十六以后的则用两个小写字母命名，以 aa、ab、ac 这样的顺序起始。例如 2005 年发现的最后一颗超新星为 SN 2005nc，表示它是 2005 年发现的第 367 颗超新星。

历史上的超新星则只需要按所发现的年份命名，如 SN 1572（第谷超新星）和 SN 1604（开普勒超新星）。自 1885 年起开始使用字母命名。表示超新星的前缀 SN 有时也可以省略。

起伏地下降到原来的状态，人们又把这样的星叫新星（人们曾经以为它们是新生的星）。但是更为罕见的是，还有一些变星，爆发起来比新星还要猛烈得多，亮度会一下子猛增上千万倍，甚至一亿倍以上，成为超群出众的亮星，人们又把这种变星叫作超新星。新星是很少见的，到现在为止，银河系里才发现 200 多颗新星，超新星就更稀罕了，人类有史以来在银河系里一共才观察记载了大约 7 颗。我们要是真能看到一次超新星的爆发，那该有多幸运哪！超新星爆发是恒星世界中已知的最激烈的爆发现象，爆发能量相当于几十万个太阳辐射的能量。它应该像十五的满月那样明亮。那天空中，就同时有 2 个月亮了，该多么美妙壮观！

人类未来的家园——月球

1998 年"月球勘探者"升空后，给我们带回了一个令人惊喜的消息，科学家们在月球上找到了水。在月球上发现水，对于人类走向太空具有里程碑式的意义。

月球上充足的太阳能可以保证居民生活、工业、农业的一切需要。月球岩石大多是含氧化物，利用太阳能高温可以从月岩中提取氧。氧是人类生存的必需品。月球居住地必须食品自给。月球土壤中作物生长所需的元素与地球土壤大致相同，只是缺少锌等微量元素，但有水后，作物应该能茁壮成长。月亮白天黑夜各有 14 天，植物晒不到太阳 14 天不会枯萎，向阳的 14 天则长势很快。太空生物学家建议土壤中可以优先种植蔬菜——西红柿、胡萝卜、茄子、白薯、洋白菜等，再扩大到种粮食和水果，逐步形成月球生态系统。重力只有地球 1/6 的月面环境是老年人儿童非常乐意去的地方，因为重力小，摔倒了也不会疼痛，爬起来也不费吹灰之力。总之，人类正在雄心勃勃地设想，在 21 世纪将有成百上千的人定居月球，那将会太有趣了。

你知道吗

月球的表面是不毛之地

　　月球的表面并非是没有土壤覆盖的不毛之地，实际上，到处都覆盖着厚层的岩屑和玻璃质物质，被称之为月壤。月球上月壤和地球上风化剥蚀作用形成的土壤概念是不同的，月壤是由细至尘埃、大到砂，甚至大砾石的物质组成的。月岩由于热胀冷缩的长期作用自身发生崩解，以及月球上火山爆发的火山灰和岩石碎屑也是月壤的来源之一。

人类的探索

　　从有思维活动的那一天起，人类便对头顶这片蓝色的天空怀有无限的遐想。千百年来，对神秘宇宙的体验、感悟与探索，极大地丰富了人类的精神世界，成为人类文明、宗教、艺术和思想发展变革中的原发动力之一。人类的太空探索，不仅仅是为了圆一个古老的飞天之梦，更是人类对于自身生存疆域的拓展。

第一颗人造卫星上天

1957年10月4日早晨，前苏联的拜科努尔航天中心，发射了世界上第一颗人造地球卫星——"人造地球卫星1号"，这是人类历史上的伟大事件，人类科学的伟大成就，整个世界都为之震惊和激奋。第一颗人造卫星的上天，标志着人类征服太空历史的新纪元。

世界上第一颗人造卫星——"人造地球卫星1号"，是在前苏联火箭和航天专家科罗廖夫博士领导下建造和发射的。科罗廖夫的思想是：既然火箭能发射任何物体到任何地方，那为什么不能发射一颗人造地球卫星上天呢？他提议在7枚火箭中的第五枚上安装一颗卫星。

第一颗人造卫星上天

这颗卫星是用铝合金做成的圆球，直径58厘米，重83.6千克，圆球外有4根弹簧鞭状天线，一对长240厘米，另一对长290厘米，卫星内部装有2台无线电发射机，频率分别为20.005和40.002兆赫，采用一般电报信号形式，2个信号持续时间约0.3秒，间歇时间亦为0.3秒。此外还有一台磁强计、一台辐射计数器、测量卫星内部温度和压力的感应元件及化学电池。

这颗人造卫星安装在三级火箭的最顶端，随着一声巨响，火箭载着卫星射向天空。第一级火箭燃烧完了自动脱落。第二级火箭发动机推动其上升，第二级燃烧完了自动脱落，火箭变得更轻了，飞行速度更快了。随着速度的增加和空气阻力减小，它飞得越来越高。第三级火箭把卫星送到大气层以上，人造卫星从第三级火箭中弹出，达到第一宇宙速度（7.9 千米/秒），进入环绕地球轨道独自在太空飞行。

这颗卫星的远地点（离地面最远）为 964.1 千米，近地点（离地面最近）为 228.5 千米，延一条椭圆轨道飞行。这条轨道平面与地球赤道平面的夹角（倾角）为 65°。这颗卫星的飞行速度为 28 565.1 千米/时，是波音飞机速度的 30 倍。它环绕地球一周的时间是 96.2 分钟，比原来预计所需要的时间多用了 1 分 20 秒。

这颗人造地球卫星，在晴朗的夜空飞行，像一颗星星在天上移动，人们甚至可以用肉眼直接看到它。

知识小链接

人造卫星

人造卫星，是环绕地球在空间轨道上运行（至少一圈）的无人航天器。人造卫星基本按照天体力学规律绕地球运动，但因在不同的轨道上受非球形地球引力场、大气阻力、太阳引力、月球引力和光压的影响，实际运动情况非常复杂。人造卫星是发射数量最多、用途最广、发展最快的航天器之一。

世界上第一颗人造地球卫星，它在绕地球运转的过程中，搜集了很多有价值的资料。它用电子仪器测量了地球大气最高层的密度和压力，并通过无线电信号，把这些科学数据发射回前苏联的地面雷达跟踪站。

这颗卫星的运载火箭于 1957 年 12 月 1 日进入稠密大气层陨毁。卫星在天空运行 392 天，绕地球飞了 1400 圈，行程 6000 万千米，于 1958 年 11 月 4 日陨落。为了纪念人类进入宇宙空间的这一伟大创举，前苏联在莫斯科的列宁山上建立了一座纪念碑，碑顶安放着这颗人造卫星的复制品。

随着前苏联第一颗人造地球卫星的发射成功，人类利用人造天体研究和开发利用宇宙的时代开始了。紧接着又有一些国家发射了人造地球卫星：1958 年 2 月 1 日，美国发射了第一颗人造卫星"探险者 1 号"；1965 年 11 月 26 日，法国第一颗人造地球卫星上天；1967 年 11 月 29 日，澳大利亚把第一颗人造卫星送入绕地球运转的轨道；1970 年 2 月 11 日，日本的第一颗人造卫星"大隅"号开始进入轨道；1970年4月24日，中国第一颗人造卫星"东方红"号发射成功；1971年10月28日，英国发射了第一颗人造地球卫星"普罗斯别洛"号；加拿大从1962年起也开始发射地球卫星，还有印度等国也发射了人造地球卫星。

人类首次遨游太空

1961年4月12日，前苏联宇航员尤里·加加林乘"东方1号"宇宙飞船进入太空，绕地球飞行一周后安全返回地面，成为遨游太空的第一人。这一天也是人类征服太空历史上的伟大日子，从而开始了载人宇航的新时代。加加林也成了开创人类太空旅行的宇航英雄。

早在1957年10月4日，前苏联就成功地发射了世界上第一颗人造地球卫星——"人造地球卫星1号"。在一个月之后，前苏联又发射了第二颗人造卫星——"人造地球卫星2号"，并且在这颗卫星里运载了一条小狗，它的名字叫"莱卡"，小狗莱卡是世界上第一只进入太空进行环球旅行的哺乳动物。实际上，前苏联早就计划把人送上太空，并为此做了各种充分准备。

1961年4月11日，拜科努尔太空中心和遍布前苏联各地的40个雷达跟踪站，正在进行紧张的准备工作。在发射场，一些工程师在控制中心研究发射计划的具体细节，试验计算机和其他电子仪器的灵敏度；另外一些工程师则检查运载火箭和宇宙飞船关键部件是否正常；还有几百名士兵，执行着保卫任务。

知识小链接

拜科努尔航天发射基地

拜科努尔航天发射基地总面积6 717平方千米，南北75千米，东西90千米。它建于1955年，1957年10月4日从这里发射了世界上第一颗人造地球卫星，开辟了人类航天的新纪元。1961年，世界上第一艘载人宇宙飞船"东方1号"从拜科努尔航天发射基地起航，把航天员尤里·加加林送入太空。

　　两名宇航员加加林和季托夫在海滨一个小别墅轻松地度过了即将去太空旅行的前一天，加加林同季托夫听音乐、聊天。晚上，他们早早就寝，而且觉睡得很香甜。

　　4月12日一早，刚过5点钟，医生就把他们唤醒，并仔细地复查了加加林和季托夫的身体，确认没有任何问题，健康状况非常好。接着两名宇航员共进早餐厅，他们吃牛肉和水果，喝的是咖啡。饭后，两人穿好特制的宇航服，驾车直奔拜科努尔太空中心。

　　在拜科努尔，人们可以看到准备起飞的"东方"号宇宙飞船和运载火箭。火箭高37.5米，连它所带的燃料一起，总共有500吨重，而宇宙飞船本身重约4.5吨。

　　加加林从容不迫地走向飞船，爬进座舱，一边检查舱内仪器，一边等待起飞的命令。一会儿，无线电中传来控制中心的声音，告诉加加林准备起飞。几分钟之后，拜科努尔发出一声巨大的呼啸，火箭射向天空。

　　加加林头戴一顶白色飞行帽，身穿一套厚重的增压服，外

你知道吗

"东方"号宇宙飞船

　　"东方"号宇宙飞船是前苏联最早的载人飞船系列，也是世界上第一个载人航天器。"东方"号宇宙飞船载人航天工程始于20世纪50年代后期，在载人之前，共发射了5艘无人试验飞船。从1961年4月到1963年6月共发射6艘载人飞船。1961年4月12日，世界上第一艘载人飞船"东方1号"宇宙飞船飞上太空，开始了载人航天的时代。前苏联航天员加加林乘飞船绕地飞行108分钟，安全返回地面，成为世界上进入太空飞行的第一人。

边是衣裤相连在一起的橘红色工作装，躺在弹射椅上。供给他座舱和呼吸的空气来自设备舱的氧气瓶和氮气瓶，其压力与地面正常大气压一样。生命保障系统的生活物质，可供宇航员用10个昼夜。这艘宇宙飞船有两套控制系统，既可以由地面控制中心自动控制，也可以由宇航员手动操纵。

　　火箭顶着飞船，上升到320千米的高空，脱去最后一级（第三级）火箭，进入绕地球运转的轨道。

　　"东方1号"宇宙飞船的飞行速度为28 259.3千米/时，其轨道近地点为

181 千米，远地点为 327 千米，与地球赤道面夹角为 64.95°。

在这次太空旅行期间，遍布前苏联各地的 40 个雷达站，一直紧紧跟踪并报告宇宙飞船的位置；在控制中心，专家们注视着电视荧光屏和计算机，并通过无线电同加加林讲话。加加林向地面控制中心报告说："飞行正常，经受失重状态良好。"飞行没有发生任何故障，飞行完全成功。

加加林在舱内

加加林驾着"东方 1 号"宇宙飞船绕地球运行一圈，共飞行 40 867.4 千米，用了一个半小时。当它完成轨道飞行任务时，飞船点燃了一枚小型火箭，之后便减慢了速度，脱离轨道而开始返回地球。

知识小链接

火 箭

火箭是以热气流高速向后喷出，利用产生的反作用力向前运动的喷气推进装置。它自身携带燃烧剂与氧化剂，不依赖空气中的氧助燃，既可在大气中，又可在外层空间飞行。现代火箭可作为快速远距离运输工具，可以用来发射卫星和投送武器战斗部（弹头）。

回来的路仍然是非常危险的。因为宇宙飞船要从空气十分稀薄的外层空间重新返回浓密的大气层，这就涉及进入地球大气层的速度和角度问题。宇宙飞船在太空中以 28 000 千米的时速飞行，那里几乎没有空气阻力，当然也就没有什么摩擦力。如果它以这样大的速度垂直进入大气层，所产生的巨大摩擦力会形成强烈的高温，就将烧毁飞船。另外一种危险是大气的反弹作用，当宇宙飞船进入大气层的角度不对时，它就可能被重新反弹出去，重新进入太空。在 120 千米高空进入地球大气层的宇宙飞船，只有与包围地球大气的球形切面成 5.2°～7.2° 角时，才能安全返回地球（大于

7.2°将被反弹，小于 5.2°将被烧毁）。为了避免这些可怕的危险，拜科努尔地面控制中心精确地控制宇宙飞船的飞行方向，保证其以适当的角度进入地球大气层，并减低了飞船的速度。

尽管如此，"东方 1 号"宇宙飞船仍然受到了大气阻力摩擦，使金属外壳被加热升温变成红色。"东方 1 号"宇宙飞船像个大火球一样，急速地向地面冲下来。

另一枚火箭被点燃了，"东方 1 号"宇宙飞船继续放慢速度，在离地面 7 千米的高度时，先后打开了两个降落伞，靠强大的空气阻力拖住宇宙飞船，帮助它把速度迅速降低到 35 千米/时，几乎相当于人骑自行车的速度。最后，"东方 1 号"宇宙飞船悬在几个张开的大降落伞下面，徐徐下降，轻轻地落在莫斯科东南面 805 千米处的萨拉托夫——一个偏僻乡村的田野。

加加林乘"东方 1 号"宇宙飞船遨游太空，是人类进行的第一次太空旅行。他经受了人类历史上一次重要考验，没有受到任何伤害，从而证明了人类体机完全能承受火箭起飞时的超重负载，也能适应太空飞行中的失重环境，为人类进入太空，征服宇宙开创了先例。

加加林乘"东方 1 号"宇宙飞船太空旅行的成功，使全世界都为之震动和高兴。全世界几乎所有的报纸都及时报道了这一消息，并刊登加加林的照片。

你知道吗

失重物体的特征

失重是指物体在引力场中自由运动时有质量而不表现重量的一种状态，又称零重力。失重有时泛指零重力和微重力环境。判断物体是否完全失重一个最重要的标志是，物体内部各部分、各质点之间没有相互作用力，即没有拉、压、剪切等任何应力。

加加林乘"东方 1 号"宇宙飞船绕地球飞行，开辟了人类航天史的新纪元。此后，有更多的人进入太空，到 1987 年，全世界已有 18 个国家的 203 位宇航员（其中有 10 位女性）进行了 118 次宇宙旅行，共绕地球 10 万圈，耗费的资金约为 2000 亿美元。

"阿波罗" 号登月探测

广角镜

肯尼迪航天中心名称的由来

肯尼迪航天中心（KSC）位于美国东部佛罗里达州东海岸的梅里特岛，成立于1962年7月，是美国国家航空航天局（NASA）进行载人与不载人航天器测试、准备和实施发射的最重要场所，其名称是为了纪念已故的美国总统约翰·肯尼迪。

1969年7月16日（美国东部时间），星期三，一个万里无云的好日子。上午9点半，庞大的"土星5号"运载火箭一声巨响，载着"阿波罗11号"宇宙飞船徐徐升上太空。150多万激动无比的人们赶到肯尼迪航天中心来观看发射，光是新闻记者就达3500人。随着飞船的升空，帽子、手杖、眼镜、钢笔都被抛上了天空，人们发狂般地跳跃喊叫，"上去了！上去了！"声音震耳欲聋。远在华盛顿电视机旁的尼克松总统高兴地宣布：四天之后为月球探险的全国共庆日，并提议那天全国放假一天。

三天后的7月19日下午，飞船到达月球上空，驾驶长柯林斯完成了最后的不允许出现丝毫偏差的轨道调整，使飞船在月球上空15千米处绕月飞行。7月20日，另外两名航天员阿姆斯特朗和奥

"阿波罗11号"飞船首次实现载人登月

尔德林登上了名叫"鹰"的登月舱，从飞船出发，随着制动减速火箭，"鹰"沿曲线轨道徐徐下滑，平稳地降落在月面上一个名叫"静海"的平原。经过六个半小时的准备后，身穿航天服的飞船船长阿姆斯特朗打开了飞船舱门，爬出舱口，在5米高的进出口台上待上了几分钟，仿佛借以安定一下十分激

动的心情似的。然后，他慢慢地沿着登月舱着陆架上的扶梯走向月面。为了使身体能适应只有地球 1/6 的月球重力环境，他在扶梯的每一个台阶上都要稍微停留一下，仅仅 9 级扶梯竟花费了 3 分钟。

通过电视，地球上亿万人看到了阿姆斯特朗先是小心翼翼地把左脚踏上月面，然后鼓足勇气将右脚也踏在月面上。

人类终于首次在另一个星球上留下了自己的脚印。此时，阿姆斯特朗手腕上的手表指针正好指向晚上 10 点 56 分。当他向月面迈出第一步时，通过无线电向地球上的人类说出："对于一个人来说，这只是一小步；但对人类来说，这是巨大的一步。"

19 分钟后，奥尔德林也下到月面上来了。他们 2 人先是在月面上插上了一面美国国旗，然后留下一块金属纪念碑，上面写道："公元 1969 年 7 月，来自行星地球上的人首次登上月球。我们是全人类的代表，我们为

这是在月球上留下的第一个人类的脚印

和平而来。"在月面停留的 2 小时 21 分钟里，他们完成了好几项科学实验，比如用铝箔捕捉从太阳射出的稀有气体，设置测量月面震动的月震仪，安放一块 0.186 平方米的激光反射镜，用来测量地球与月球的精确距离（现在已知，月球每年以 4 厘米的速度离地球远去），他们还采集了 23 千克的月球岩石和土壤。

7 月 21 日，阿姆斯特朗和奥尔德林完成考察任务后，进入登月舱的上升段，与在月球轨道上停留的柯林斯会合后，平安返回了地球。

人类首次登月的壮举，将永载史册。

"阿波罗 12 号"载人登月飞行的计划和准备工作，几乎是与"阿波罗 11 号"同时进行的。3 名宇航员分别是指令长康拉德、比恩，他们 2 人被指定进行月面活动；还有一位是戈登，他的任务是留在指令舱里，接应康拉德等。

1969 年 11 月 19 日美国东部时间凌晨 1 时 54 分（北京时间同日 14 时 54 分），由康拉德和比恩组成的第二批月球探险队，几乎是准确地在预选的地区安全降落，降落点位于风暴洋，东距停在静海里的"阿波罗 11 号"约 1.5 千米，距离 1967 年 9 月发射到月球上去的无人驾驶宇宙飞船"勘测者 3 号"很近，走过去就可以了。为了研究月球环境对"勘测者 3 号"的作用和影响，取得第一手资料，他们卸下了它的一些部件并带回地球。

知识小链接

风 暴 洋

风暴洋是月球最大的月海，南北约 2500 千米，面积约 400 万平方千米。风暴洋位于月球西半球，面向地球一面的西侧，是一片广阔的灰色平原，四周有小型的月海，如南面的云海、北侧的雨海等。辽阔的风暴洋有许多引人注目的环形山，如哥白尼环形山、开普勒环形山等。和其他月海一样，风暴洋由远古火山喷发形成的玄武岩构成，年龄约 32 亿 ~ 40 亿年。

此外，他们还收集了 50 多千克的月球岩石和土壤标本，从获取地震信息的角度检查了些月球岩石。他们留在月球上的仪器设备是第一座核动力科学实验站，期望它能在一段时间里，把观测和收集到的信息和数据，传回到地球上来。

"阿波罗 12 号"宇航员在检查探测器

"阿波罗 12 号"刚把在月球上采集到的各种标本带回来的时候，它们一点也没有引起人们的特别注意，与以前带回来的相比也没有什么明显的区别。但在用辐射计等检验之后，情况有所改变，科学家们发现其中一块柠檬般大小的月岩的辐射强度异乎寻常得大。进一步的研究表明，这块浅灰表面、不甚透明的白色结晶和带深灰条纹的月岩，其所含的铀、钍和钾等元素，竟然比其他月岩要高出 20 倍。由此而得出的结论是，这块月岩的年龄大约是 46 亿年，即比已在地球上发现的岩石的年龄都大。因此，科学家们认为，它是在太阳和太阳系天体开始形成的时候，就同时形成了。

这是个极有价值的发现，其意义在于说明了在过去极其漫长的历史阶段，月球表面经受的变化是很小很小的。

"阿波罗 13 号"在勘测月球飞离地球约 33 万千米，到达目的地只剩下最后一段路程时，服务舱中存放液氧的箱子发生爆炸，把服务舱炸了一个大窟窿。不久，由于服务舱不断漏气，使飞船失去稳定，舱内气压急剧下降。氧和水失去大半，严重地威胁着宇航员的生命。

由于飞船已离地球太远，无法直接调头返航，只能先绕过月球之后，再进入一条重返地球的轨道。

首先必须采取的措施是使飞船稳定下来。为此，宇航员开动了小型的姿态控制火箭。服务舱遭到了严重的破坏，幸好指令舱和登月舱还完好，于是，登月舱的设备被用来救急。飞船是依靠登月舱的发动机、电源、氧和水等，才得以飞回地球。当飞船抵达离月球只有 200 多千米时，宇航员启动登月舱的下降发动机约 31 秒钟，使飞船暂时进入绕月球飞行的轨道。飞船转到了月球的另一侧之后，登月舱的发动机再次启动约四分半钟。就这样，"阿波罗 13 号"终于进入了返回地球的航程，并在返回过程中不断校正航向，"阿波罗 13 号"终于死里逃生回到地球。

1971 年 1 月 31 日，"阿波罗 14 号"轰隆隆地起飞了，3 名宇航员是美国海军的谢泼德和米切尔，以及空军的罗塞。作为在月面上进行科学实验和活动的宇航员，他们分别在月面上各活动了 2 次，每次都在 4 小时以上。一辆特别设计的手推车，使他们在崎岖不平的月面走出了 5 千米，并收集到约 50 千克的月岩和土壤样品。

他们也在月球上装置了一座

月岩的分类

月岩即月球表面的岩石。自 1969 年美国"阿波罗 11 号"登月以来，共采回 380 多千克月岩样品。按样品的结构和成因可分为三类，即：结晶质火成岩、角砾岩、月壤或月尘。

核动力科学实验站，建立了激光反射器和测量太阳风的仪器。他们曾想攀登上一座高大环形山的顶端，但是没能实现。

1971 年 7 月 26 日，"阿波罗 15 号"宇宙飞船发射成功，船组人员也是由 3 名宇航员组成，他们是斯科特（曾是"阿波罗"9 号飞船船组成员）、欧文和沃登。斯科特和欧文乘坐的登月舱降落在雨海边缘、亚平宁山脉附近的一处叫哈德利沟的地方。沃登则一直滞留在绕月轨道的指令舱内，关注着登月舱的下降和上升，迎接斯科特等的归来。

此外，"阿波罗 15 号"第一次把一辆月球车带到了月球上。月球车重 200 多千克，靠蓄电池驱动。它的模样和大小看起来，很像是沙漠中的一个大甲虫。

由于装备上的改进，大大延长了宇航员们在月球上的停留时间。斯科特和欧文在月面的停留时间超过了 66 个小时，其间，他们 3 次走出登月舱，在月面上活动了 18 小时以上，为"阿波罗 14 号"宇航员舱外活动时间的 2 倍多。月球车使他们在月面上的活动更加方便，他们总共行驶了 28 千米，收集到各类岩石和土壤标本 70 多千克。

宇航员们在哈德利沟地区活动的成果是丰硕的，他们收集到的标本之多，是前所未有的。月球车上装有一套电视摄像设备，它使地球上的人们随着月球车的活动，与宇航员们一起经历月球上的颠簸、险境，和欣赏逼真的月面绮丽景色。宇航员们在哈德利沟地区附近，发现月球土壤是由好多层构成的，在一处月面下 3 米的地方，竟可以分出 58 层。

"阿波罗 15 号"的月球车

"阿波罗 15 号"所获得的月震资料表明，在月球南半部第谷环形山以西、大致月面以下约 900 千米的深处，存在着一个震源。据推测，在那个深度的一处袋形地区，集中着处于熔融状的岩浆，其直径至少有好几十千米。正是由于它的活动，才产生出月震。

在绕月轨道上，指令舱内的沃登也做了大量工作，他对月球进行了目视观测和照相。在 100 多千米的高度上，他看到并报道了澄海东南边缘上的火山灰锥状地形。此外，他还发射了一个重约 35 千克的"子卫星"，直到"阿波罗"15 号飞船船组人员返回地面很久之后，这个卫星还在不断地向地球发回所收集到的宝贵信息和数据。

"阿波罗 16 号"飞船的 3 名宇航员是约翰·杨、杜克和马丁利。飞船于 1972 年 4 月 16 日发射成功，目的地是月球赤道附近的迪卡尔高地。据认为，这个高地的面貌在好多方面都与月球背面的情况颇相像。与"阿波罗 15 号"一样，这次飞行也带了一辆月球车供宇航员在月面行驶之用。

约翰·杨和杜克在月面上总共停留了 71 小时，其中在舱外活动的时间为 20 小时 15 分钟，期间进行了仪器设备安装、现场探测和标本收集。此外，高质量的月球车为宇航员们提供了良好的服务，它带着宇航员在崎岖不平的月面上，来回奔走了约 27 千米。

"阿波罗 16 号"飞船共收集了 95 千克左右的月球岩石和土壤，它们被送回地球之后都由科学家们进行仔细地观察、检验和分析。对 30 多个土壤样品进行分析的结果是，它们的组成成分中，碳占了很大比例。在这些样品以及早些时候采集的标本中，都发现了原始的有机物。但我们不能由此得出结论，说它们与地球上的生命起源有关。然而，进一步的分析和符合客观实际的科学推论，肯定会在这方面为我们提供重要信息，那就是：生命应该是怎样起源的。

"阿波罗 16 号"飞船降落在月球迪卡尔高地区域

知识小链接

有 机 物

有机物主要由氧元素、氢元素、碳元素组成。有机物是生命产生的物质基础。有机物有脂肪、氨基酸、蛋白质、糖、血红素、叶绿素、酶、激素等。生物体内的新陈代谢和生物的遗传现象，都涉及有机化合物的转变。

"阿波罗17号"宇宙飞船的发射，可以看成是美国空间探测计划一个阶段的结束。这次肩负探测任务的3名宇航员是塞尔南、伊文思和施密特。与塞尔南一起踏上月面的施密特，是位职业地质学家，也是对月面进行实地考察的第一位专业科学家。他的专业知识是无可怀疑的：他从哈佛大学得到地质学博士学位，从加州理工学院得到科学学位；他一生从事地质学的教学和研究工作，并且还是早期宇航员们的地质学导师。

"阿波罗"号的最后一艘飞船降落在澄海东南边缘附近的一处比较平坦的地方。这里是一处山谷中的平地，其南面是高2000多米的山，北面的山较低，但也有1500米左右。降落在静海里的第一艘载人登月飞船——"阿波罗11号"，就在它南面700多千米处。

"阿波罗17号"是在1972年12月11日发射的，5天后抵达目的地。它也带了一辆月球车，是带到月球上去的第三辆月球车。这是一辆经过改进了的月球车，它可以用于记录月球表重力及其变化和测量月面的一些其他性质。宇航员们在月面的停留时间接近75小时，其间曾3次

拓展阅读

生命的起源

资料表明前生物阶段的化学演化并不局限于地球，在宇宙空间中广泛地存在着化学演化的产物。在星际演化中，某些生物单分子，如氨基酸、嘌呤、嘧啶等可能形成于星际尘埃或凝聚的星云中，接着在行星表面的一定条件下产生了像多肽、多聚核苷酸等生物高分子。通过若干前生物演化的过渡形式最终在地球上形成了最原始的生物系统，即具有原始细胞结构的生命。至此，生物学的演化开始，直到今天地球上产生了无数复杂的生命形式。

在登月舱外活动，每次都在7小时以上，使得在月面活动时间达到破纪录的22小时。宇航员们最远走到离降落点7千多米的地方，这也是前所未有的。月球车一共在月球上走了37千米的路程。

如果把比较完整的月球信息看为一条锁链的话，那么在此之前的探测和研究，已经获悉了这条锁链的一些环节，但还缺少另外一些环节。"阿波罗17

号"的主要任务就是去寻找和补齐这些环节。为了完成这项任务，飞船携带了一些新的装备并计划进行一些更高级的实验项目。宇航员们利用各种新的手段探查了月面以下深处的地层情况，测量了月球的重力，根据月震记录研究了月球的"脉搏"，以及分析了月球大气中的气体成分。伊文思在绕月轨道上也并不空闲，他忙于做各种实验。诸如：用红外照相的办法测定月面温度及其变化；用雷达的办法测定月面

"阿波罗 17 号"拍摄的月球岩石照片

以下直到 1 千多米的深处的岩石分布情况，并制成比较直观的图；以及用各种可能的手段和方法绘制月球图。

　　"阿波罗 17 号"宇航员们在月球上的最有价值的发现之一，是月面的橘黄色土壤。有人认为这是火山爆发时喷出的挥发性气体以及氧化铁之类的物质。但进一步的检验发现，它的颜色主要来自它所含的 90% 以上的玻璃质，而并非来自铁。此外，月球土壤的年龄据测算约为 38 亿年，也许在此后的月球火山活动中，它只是没有结成板块而已。

知识小链接

氧 化 铁

　　氧化铁，或称三氧化二铁，化学式 Fe_2O_3，是铁锈的主要成分。铁锈的主要成因是铁金属在杂质碳的存在下，与环境中的水分和氧气反应，铁金属便会生锈。氧化铁的红棕色粉末为一种低级颜料，工业上称氧化铁红，用于油漆、油墨、橡胶等工业中。

　　1972 年 12 月 19 日，随着"阿波罗 17 号"飞船在南太平洋安全溅落的"扑通"声，宣告了史无前例的"阿波罗"探月计划的结束。从第一批宇航员登上月球到这次溅落，总共历时三年半。不论从哪方面来看，整个探测工作仅仅只是开了个头，还只是"序曲"，大量的工作还等待着科学家们去做。

对已经取得的大量资料进行分类、整理、编目、观察、分析、评价和再评价等，也许会使科学家们忙上好几十年。举个例子来说，从月球带回来的381千克岩石和土壤标本样品中，只有一部分得到了充分的检验和研究。总而言之，要解决那么多的月球难题，还需要相当长的时间。

在对月球的某些性质进行实地考察之后，先前提出来的许多假设和理论，不管是在多大程度上被肯定或否定，都已得到基本的解决。然而，事情并不那么简单，探测发现的许多现象和事实表明，月球是个极其复杂的天体，很早以前就提出来的一些根本性的疑点和特征等，一直到现在，不仅没有肯定的结论，回答起来仍旧很不容易。从某种意义来说，有些方面出现的疑难问题甚至比已解决了的问题还多。譬如关于月球的起源及其演化，争论还是很多。从更加广阔的角度来看，这个问题直接关联到我们所在太阳系的起源和演化。

尽管还没有一个一致的意见来解释月球究竟是从哪里来的，但似乎大体上可以肯定它并不是从地球上被简单地抛向空间而进入绕地轨道的。它也不大可能是与地球同时诞生的一对。月球几乎完全缺乏铁，而密度特别低；地球却相反，地底下蕴藏着大量的铁矿资源。现在还没有谁能解释，如果月球和地球确是"孪生"的一对，为什么两者的铁含量会有如此大的差别呢！另外，月球的具有特征的构造也与地球有所不同。有趣的是，比起我们太阳系的中心天体——太阳来说，月球的含铁量确实也是很低的。这不是正好间接地说明，我们的月球甚至也许不是由原始太阳星云物质形成的。

有的科学家认为，原先地球周围有一圈像土星环那样的由硅酸盐类物质组成的环，而这些硅酸盐类物质则是从包围在地球四周的弥漫物质中凝聚而成的。当然，我们也可以因此说月球是从地球来的，不过，并非直接来自于地球。

科学家们仍在寻找生命或其痕迹是如何来到我们太阳系的。对来自月球的土壤标本等进行多种实验之后，并没有发现任何形式的生命痕迹，结论只可能是：月球上没有生命，很可能从来没有过生命。

月球上没有一滴水，在那种异乎寻常的干燥的环境里，我们所理解的生命是无法存在的。有迹象表明，月球岩石的低温是在缺乏水情况下造成的干冷。

月球大体是在 46 亿年之前形成的。有的科学家相信整个太阳系都是在那个时候形成的，有的则认为也许还应早几亿年。在月球的早期历史时期中，火山爆发等事件频繁发生，这情况与地球的早期有点相像。至于那些由熔岩形成的平原，譬如像第一批宇航员降落的静海，则要比月球形成历史还晚几亿年。而那些中间流淌着熔岩的环形山口，有的科学家则认为是由于流星体类的固体宇宙物质撞击月面，而留下的痕迹。被"阿波罗 11 号"宇宙飞船带回地球来的那些熔岩块，其年龄约 40 亿年。

据认为，月球承受过的最大一次其猛无比的撞击，其结果是形成现在月球上的雨海。而前面提到的那些熔岩，很可能是在这些旷古未有的大撞击中，被抛出数千千米外的部分。

火山爆发、熔岩流动、大面积的陨星和小行星碎片的轰击，以及轰击之后月面的迅速冷却和再次受到轰击等这类事件频繁地发生，直到大约 30 亿年前突然停止下来。地球在那个时候可能也经受了同样的猛烈轰击，可

你知道吗

"月海"不是海

所谓的月海，并非月球上面的海洋，而是指肉眼看到的月面上的暗淡黑斑，其实是月球上广阔的平原。月球上比较低洼的平原，并无一滴水存在。除静海外，比较有名的月海还有风暴洋、冷海、澄海、丰富海、危海、云海等。

是，由于风和雨的侵袭、热和冷的作用，曾留在地面上的那些轰击痕迹被破坏了、改变了，它们失去了原始的面貌，甚至被改造成为新的山脉等。

从地质学的角度来说，月球变得更加"死寂"，已经有约 30 亿年了。现在，还不时有陨星跌落和撞击到月球上去，但数量已少得多。著名的第谷环形山是由约 10 亿年前的一大块陨星猛烈撞在月面上而形成的；9 亿年前的另一次类似袭击，形成了哥白尼环形山。

各个时期的月球熔岩分别凝结成为不同的地层。宇航员们在月球上收集到的岩石，主要是两类：玄武岩和角砾岩。玄武岩是火山岩中最普遍的一种，角砾岩则是由土壤和岩石碎片经迅猛冲击挤压而形成的。

知识小链接

火 山 岩

　　火山岩（玄武岩）是火山爆发后形成的多孔形石材，非常珍贵。火山岩含丰富的钠、镁、铝、硅、钙、锰、铁、磷、镍、钴等矿物质，因其表面均匀布满气孔、色泽古色古香、导电系数小、无放射性、永不褪色等特性；具有抗风化、耐高温、吸声降噪、吸水防滑、阻热、调节空气湿度、改善生态环境等功能，被开发利用为现代建筑外装首选石材。

　　关于我们的近邻月球，科学家们已经知道了不少，同时，关于月球的许多秘密还有待今后去解答，而明摆着的事实是，这些月球之谜的解决只能依靠科学探测和研究。"阿波罗"探测计划已经全部结束，未来的月球探测可能要由那种复杂而装备齐全的登月车来完成。由宇航员登月进行现场考察，测量、观测等手段和方法无疑将继续长时间地被使用，因为，人类对科学知识的渴求和对周围世界的探索，是永无止境的。

◆ "嫦娥" 奔月成功

　　2007 年 10 月 24 日，在西昌卫星发射中心我国首颗绕月人造卫星——

"嫦娥一号"

"嫦娥一号"月球探测卫星，由"长征三号"甲运载火箭成功发射升空。运行在距月球表面 200 千米的圆形轨道上执行科学探测任务，我国成为世界第五个发射月球探测器的国家，圆了华夏赤子千年来的登月梦。

　　"嫦娥一号"是我国自主研制并发射的首个月球探测器，主要用于获取月球表面三维影像，分析月球表面有关物质元素的分布特点，探测月壤厚度，探测地月空间环境等。

"嫦娥一号"月球探测卫星由卫星平台和有效载荷两大部分组成。"嫦娥一号"卫星平台由结构分系统、热控分系统、制导、导航与控制分系统、推进分系统、数据管理分系统、测控数传分系统、定向天线分系统和有效载荷等九个分系统组成。这些分系统各司其职、协同工作，保证月球探测任务的顺利完成。卫星上的有效载荷用于完成对月球的科学探测和试验，其他分系统则为有效载荷正常工作提供支持、控制、指令和管理保证服务。

2007年11月26日，"嫦娥一号"卫星传回了珍贵的第一幅月面图像。

2009年3月1日16时13分，"嫦娥一号"卫星在控制下成功撞击月球。为我国月球探测的一期工程，画上了圆满的句号。

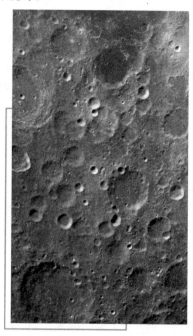

"嫦娥一号"传回的第一幅月面图像

"嫦娥一号"首次月球探测极为出色地完成了四大科学任务：

（1）获取月球表面三维立体影像，精细划分月球表面的基本构造和地貌单元，进行月球表面撞击坑形态、大小、分布、密度等的研究，为类地行星表面年龄的划分和早期演化历史研究提供基本数据，并为第二期航天器的月面软着陆区选址和建立月球基地位置的优选提供基础资料等。

知识小链接

立体图

立体图（也称为"三维立体图"或"三维立体画"）是一类能够让人从中感觉到立体效果的平面图像。观察这类图像通常需要采用特殊的方法或借助器材。

（2）分析月球表面有用元素含量和物质类型的分布特点，主要是勘察月球表面有开发利用价值的钛、铁等 14 种元素的含量和分布，绘制各元素的全月球分布图，绘制月球岩石、矿物和地质学专题图等，发现各元素在月表的富集区，评估月球矿产资源的开发利用前景等。

（3）探测月壤厚度，即利用微波辐射技术，获取月球表面月壤的厚度数据，从而得到月球表面年龄及其分布，并在此基础上，估算核聚变发电燃料氦–3 的含量、资源分布及资源量等。

（4）探测地球至月球的空间环境。月球与地球平均距离为 38 万千米，月球处于地球磁场空间的远磁尾区域，卫星在此区域可探测太阳宇宙线高能粒子和太阳风等离子体，研究太阳风和月球以及地球磁场磁尾与月球的相互作用。

此次探月的成功给我国及世界人民带来了极大的自信，经过一年的酝酿，科学家最终确定了我国的探月工程的三个阶段："绕"、"落"、"回"。

第一期绕月工程业已完成，而且很出色。

第二期工程时间是在 2010 年前，研制和发射航天器，以软着陆的方式降落在月球上进行探测。具体方案是用安全降落在月面上的巡视车、自动机器人探测着陆区岩石与矿物成分，测定着陆点的热流和周围环境，进行高分辨率摄影和月岩的现场探测或采样分析，为以后建立月球基地的选址提供月面的化学与物理参数。

知识小链接

分 辨 率

分辨率就是屏幕图像的精密度，是指显示器所能显示的像素的多少。由于屏幕上的点、线和面都是由像素组成的，显示器可显示的像素越多，画面就越精细，同样的屏幕区域内能显示的信息也越多，所以分辨率是个非常重要的性能指标。可以把整个图像想象成是一个大型的棋盘，而分辨率的表示方式就是所有经线和纬线交叉点的数目。

第三期工程时间定在 2011～2020 年，目标是月面巡视勘察与采样返回。

其中前期主要是研制和发射新型软着陆月球巡视车，对着陆区进行巡视勘察。后期即 2015 年以后，主要是研制和发射小型采样返回舱、月表钻岩机、月表采样器、机器人操作臂等，采集关键性样品返回地球，对着陆区进行考察，为下一步载人登月探测、建立月球前哨站的选址提供数据资料。

📭 开发月球的构想

月球是距地球最近的天体，也是除了地球外人类至今唯一留有足迹的星球。人类对月球的研究可以追溯到上古时代，那时候就有了关于月食的记录和预测。经过古代、近代和现代科学家长期的研究，尤其是 20 世纪末的 40 年里，人类多次的登月活动，对月球土壤的取样和分析，以及用航天器对月球的逼近探测等，结果证明，月球已经具备被人类开发利用的基本条件。

首先，月球上有丰富的物质资源。月球上有地球上所有的元素和 60 多种矿物，其中还有 6 种矿物是地球没有的。在月球的土壤中，氧的含量为 40%，硅的含量为 20%，还有丰富的钙、铝、铁等。

对月球岩石的样品进行分析，发现月球上的岩石主要有 3 种类型。第一种是富含铁或钛的月海玄武岩。暗色的月海玄武岩主要由单斜辉石、基性斜长石和钛铁矿组成，有时含橄榄石和磷灰石，或微星硫铁和金属铁等。登月已取回的岩石中共发现 20 多种玄武岩的类型。根据氧化钛的含量可将月海玄武岩分为高钛、低钛和极低钛。这些玄武岩特点是富钛富铁，无含水矿物，氧逸度低，无三价铁出现，具有

你知道吗

玄武岩的主要成分

玄武岩属基性火山岩。是地球洋壳和月球月海的最主要组成物质，也是地球陆壳和月球月陆的重要组成物质。玄武岩的主要成分是二氧化硅、三氧化二铝、氧化铁、氧化钙、氧化镁，还有少量的氧化钾、氧化钠，其中二氧化硅含量最多，约占 45% ~ 50%。

多样的细粒至粗粒结构。第二种是斜长岩，富含钾、稀土和磷的岩类等。斜长岩由95%的斜长石及少量低钙辉石组成，主要分布在月球高地。第三种是由大小为0.1~1毫米的岩屑颗粒组成的角砾岩，是撞击作用的产物。角砾岩可分为破碎状斜长岩、部分熔融的角砾岩、复矿碎屑角砾岩和深变质的喷出岩。

用光谱分析鉴别出月岩中含有地壳里的全部元素和60种左右的矿物，其中有6种矿物是地球上所没有的。难熔元素约占月球质量的65%，富铁及难熔元素的残余液体凝结成250千米厚的月球外壳。在月球土壤中，氧占40%，它是推进剂和受控生态环境生命保障系统的供氧源；硅占20%，硅是制作太阳电池阵的原材料。其他元素的比例是，铝6%~8%、镁3%~7%、铁5%~11.3%、钙8%~10.3%、钛5%~6%，钠、钾、锰含量占千分之几，锆、钡、钪、铌含量为万分之几。科学家们把月球土壤样品加热到2000℃，发现有惰性气体从月壤中逸出，其中有氦、氩、氖、氙等放射性粒子。月球上还富含地球上少有的能源氦-3，它是核聚变反应堆的理想燃料。从月球岩石标本上还发现有一层很薄的无锈铁薄膜。起初科学家们推测，假如让这种铁处在地球条件下，定会立即氧化锈蚀，然而，经过实验的结果，这种铁不会被氧化，是通常所说的"纯铁"。纯铁对人类非常有用。据估计，在发达国家里，每年因金属腐蚀损失大约占国民经济收入的1/10。如果能在月球上生产纯铁，运回地球上使用，不仅填补了一项空白，而且会获得很大的经济效益，无疑是对人类的一大贡献。

开采月球的天然矿藏是十分有吸引力的，在月球基地上将材料加工成最终产品，供空间和地面使用，预计是一项高效益的产业，其前景非常诱人。

能源是人类生存、发展面临的最严重的问题之一。未来解决能源不足的出路有二：一是太阳能，二是核能。月球取样标本化验和分析、氦-3的发现，给月球研究和探测工作注入了新的兴奋剂，尤其受到了能源专家的重视。但是，月球氦-3的形成和分布特征、储量和应用，仍是月球科学研究中亟待解决的问题，只有通过大量的探测和重返月球实地考察，才能获得较为满意的回答。

月球的表面土壤，由岩石碎屑、粉末、角砾岩、玻璃珠组成，结构松散且相当软。月海区的土壤一般厚4~5米，高地的土壤较厚，但也不过10米左右。月球土壤的粒度变化范围很宽，大的几厘米，小的只有 1 毫米或数 10 微米，这些细土一般称为月尘。月球土壤中大部分是细小的角砾岩及玻璃珠，约占 70%，小颗粒状玄武岩及辉长岩约占 13%。惰性气体在月球玄武岩和高地角砾岩中含量极低，在月球大气中就更低，几乎为零。然而，月壤和角砾岩中亲气元素则相当丰富。这是由于太阳风的注入，太阳风实际上是太阳不断向外喷射出稳定的粒子流。1965 年"维那 3 号"火箭对太阳风的化学组成进行了直接测定，结果表明，太阳风粒子主要由氢离子组成，其次是氦离子。由于外来物体对月球表面撞击，使月壤物质混合，所以在深达数十米范围内存在这些亲气元素。太阳离子注入物体暴露表面的深度，通常小于 0.2 微米。因此，这些元素在月壤最细颗粒中含量最高，大部分注入气体的粒子堆积成月壤角砾岩或黏聚在玻璃珠的内部。

研究表明，月球上所含的氦大部分集中在小于 50 微米的富含钛铁矿的月壤中，估计整个月球可提供 715 000 吨氦 - 3。人们为什么对氦 - 3 感兴趣？因为氦 - 3 是未来核聚变燃料的最佳选择。用氘和氦 - 3 聚变生成氦，这种聚变反应是安全、干净、较易控制的核聚变。在地球上，天然气矿床中已知的氦 - 3 资源只能维持一个 500 兆瓦规模发电厂数月的用量，而月壤中氦 - 3 所能产生的电能，相当于 1985 年美国发电量的 4 万倍。考虑到月壤的开采、排气、同位素分离和运回地球的成本，氦 - 3 能源偿还比估计可达 250。这个偿还比和铀 - 235 生产核燃料（偿还比约 20）及地球上煤矿开采（偿还比约 16）相比，是相当有利的。此外，从月壤中提取 1 吨氦 - 3，还可以得到大约 6300 吨的氢、70 吨的氮和 1600 吨碳。这些副产品对维持月球永久基地来说，也是必需的。

此外，还可在月球上建立核能源基地，将电能传输到静止轨道上的中继卫星，再传送到位于地球的接收站，然后再分配到各个地区，供用户使用。仅月球氦 - 3 资源的开发利用这一点，就不难理解重返月球的深远意义。

科学家很早就开始研究用月球表面土壤提取氧的方法。他们利用"阿波罗"飞船取回的月球沙土进行实验，在 1000℃ 的高温下，将月沙中的钛铁矿和氢接触生成水，再将水通过电解提取氧。研究表明，提取 1 吨氧，约需 70 吨的月球表面土壤。考虑到在月球上生产的特殊情况，建议在月球基地建设的同时，应考虑配备一套小型的化学处理设备，利用太阳能作为动力，每天大约可制备出100千克的液氧。具体流程是，利用月球岩石在高温下与甲烷发生反应，生成一氧化碳和氢。在温度较低的第二个反应器中，一氧化碳再与更多的氢发生反应，还原成甲烷和水；然后使水冷凝，再电解成氧和氢，把氧储存起来供使用，而氢则送入系统中再循环使用。据预测，月球制氧设备最初是为给月面上的航天员提供氧气之用，但他们需要的氧气并不多，一个12人规模的基地，每月也只需要350千克氧气。而一套制氧设备连续工作后，可生产出相当数量的氧气。因此，在月球基地建设时，应同时建造一个永久性的液氧库，以便供给航天器作为低温推进剂燃料使用。

十分有意义的是，在制氧过程中，经过化学处理后得到的"矿渣"，却都成了上等的副产品。这是因为它含有丰富的游离硅和可供冶炼的金属氧化物，只要采用适当的工业方法便可继续冶炼，炼制出工业上极有使用价值的金属钛。科学家们提出的制钛工艺流程是，将"矿渣"通过机械粉碎、磁选，提取出钛氧化物，在1273℃高温下加氢处理，生成氧化钛。再以硫酸置换出其中的铁，接着和碳混合，在700℃的温度下通入氯气，经过化学反应后生成四氯化钛。然后在2000℃高温下加热，投入镁以便脱氯，最终得到熔融态的钛。

拓展阅读

太阳能的光热利用

太阳能光热利用的基本原理是将太阳辐射能收集起来，通过与物质的相互作用转换成热能加以利用。通常根据所能达到的温度和用途的不同，而把太阳能光热利用分为低温利用（小于200℃）、中温利用（200℃～800℃）和高温利用（大于800℃）。目前低温利用主要有太阳能热水器、太阳能干燥器、太阳能蒸馏器、太阳房、太阳能温室、太阳能空调制冷系统等，中温利用主要有太阳灶、太阳能热发电聚光集热装置等，高温利用主要有高温太阳炉等。

铝的精制方法更为新颖，月面上的铝是由被称为斜长石的复杂结构所组成。科学家经过反复实验与研究，提出了一套炼铝的新工艺。具体做法是：

将月岩粉碎，在1700℃下加热熔化，然后在水中冷却，制成多质的球，再经粉碎，在其中加入100℃的硫酸，即可浸出铝。用离心分离法和过滤法除去硅化物后，再将它在900℃的温度下进行热解反应，得到氧化铝和硫酸钠的混化物。随后洗去硫酸钠并进行干燥，再与碳混合加热的同时，加入氯气与之进行反应，生成了氯化铝，经过电解，获得最终产品——纯铝。

建筑业离不开玻璃，因此在月面上生产玻璃显得尤为重要。通常的玻璃由71%～73%的氧化硅，12%～14%的硫酸钠，12%～14%的氧化钙组成。月球土壤中含有40%～50%的氧化硅，在月面上制造玻璃是以氧化硅为主。其精制方法较为简单，在月球土壤中根据需要加入各种微量添加物，用硫酸溶解出一些无用的成分之后，在1500℃～1700℃的温度下熔化，然后经过压延冷却，即可制成月球玻璃。

基本小知识

玻 璃

玻璃，是一种较为透明的固体物质，是在熔融时形成连续网络结构，冷却过程中黏度逐渐增大并硬化而不结晶的硅酸盐类非金属材料。普通玻璃主要成分是二氧化硅。广泛应用于建筑物，用来挡风透光，属于混合物。

最令人振奋的是，1998年1月6日发射上天的美国"月球勘探者"发回的数据表明，在月球的两极存在10亿～100亿吨水冰。由于月球表面的大气压不到地球大气压的一万亿分之一，在月球上阳光照射到的地方，月面的温度可以达到130℃～150℃，这对于沸点远低于100℃的月球液态水来说，很容易沸腾蒸发。而且月球的质量小、引力薄弱，无力束缚住水蒸气，致使气态水在月球逃逸殆尽，不留踪迹。

但是，月球的两极非常特殊。例如，月球的南极有一个直径2500千米、深13千米的艾物肯盆地，该盆地被认为是陨星坠落月面所致，里面黑暗幽深，终日不见阳光，温度始终保持在−150℃以下，因而成为固态的水——冰的藏身之地。

那么，月球上的水是从哪儿来的呢？科学家们认为，月球经常受到彗星的撞击，而彗星的含水量约为 30% ～80% ，彗尾中水蒸气的含水量高达 90% 。这些外来的水分在月面受到阳光照射而蒸发，而一部分水蒸气在月球两极那些温度极低的盆地底部凝结起来。所以，这些冰不是集中在一起的，而是与尘土混合的冰渣。

水是由氢氧两种元素组成的，今后，人类在月球上建立基地所需要的水和氧气，就无需依靠地球供给，可以在月球就地采用。在月球基地开采月球的自然资源，把原料加工成空间使用的最终产品，是极其诱人的事业。

其次，月球上的引力只是地球引力的 1/6，月球上气体的逃逸速度只及地球的 1/5。所以，月球的低重力、无大气的环境，十分有利于航天器的发射。在月球上建立组装、维修、补给的人类航天基地，将成为人类飞往其他星球的中转站。月球航天基地会使星际飞行的难度和费用大大降低，人类进入宇宙的深度和广度将大大增加。

知识小链接

真 空

真空是一种不存在任何物质的空间状态，是一种物理现象。在真空中，声音因为没有介质而无法传递，但电磁波的传递却不受真空的影响。事实上，在真空技术里，真空是针对大气而言，一特定空间内部之部分物质被排出，使其压力小于一个标准大气压，则我们通称此空间为真空或真空状态。

再次，月球没有大气包围，声波无法传递，在月球背面没有来自地球的无线电干扰。所以月球的这种无大气干扰、无声波和电波干扰的极其寂静的环境，是一个非常理想的稳定的科学实验平台。当然，月球的低重力、真空无菌的环境又是材料科学和医药学的研究和生产的理想场所。

将来，随着科学技术的进步，到月球旅游和移民就会成为现实，并且月一地旅行将会更加安全、舒适和低成本。

探测火星

在太阳系的八大行星中，火星和地球在许多地方十分相似：火星自转一周是 24.62 小时，昼夜只比地球上的一天多 40 分钟；火星自转倾斜角也和地球自转的倾斜角相近，所以火星上也有春夏秋冬四季的气候变化；火星上还有大气层。

1877 年，意大利天文学家斯基帕雷用望远镜发现火星上有许多细长的暗线和暗区，他把暗线称为"水道"。有人干脆把"水道"翻译成英语的"运河"，暗区就成了"湖泊"。有运河就有智慧生命的大规模活动。于是，一个世纪以来，有关这颗红色星球上的火星人和火星生命的传说、猜测不断出现。不过眼见为实，只有对火星进行逼近观测，才能彻底解开这些谜。20 世纪 50 年代后，人类就开始了利用航天技术探测火星的努力。

1957 年，前苏联发射了第一颗人造地球卫星，使人们看到了摆脱地球引力和大气束缚登陆火星的希望。

你知道吗

火星上有生命吗？

火星的大气十分稀薄，只有地球上大气密度的 1%，而且，它的成分几乎都是二氧化碳。火星离太阳的距离是地球离太阳距离的一倍半，那里的温度会像地球南极洲地区夜间的温度那样低。而在它的两极地带，低温会使二氧化碳冻结成为固体。

如果没有特殊的保护措施，人类是无法在这种环境里生存的。事实上，地球上的任何动物都无法在那里生存。然而，这是不是就意味着火星上不存在能适应火星条件的高级生命形态呢？应该说，存在的机会是很小的，但不能完全排除。

1965 年 7 月 14 日，美国发射的"水手 4 号"从离火星不到 1 万千米的地方掠过，第一次对它进行了近距离考察，并拍摄了 21 张照片。"水手 4 号"的考察结果表明，火星的大气密度不足地球的 1%。火星生命如果存在的话，生存环境看来要比地球上的艰难许多。

1969 年二三月间，"水手 6 号"和"水手 7 号"向火星进发，从距火星 3200 千米处传回了 200 张照片。照片的清晰度大大增加，但运河仍然不见踪影。为了彻底弄清火星的全貌，1971 年 11 月 13 日，"水手 9 号"驶入了环火星轨道，成为第一颗环绕另一颗行星运转的人造天体。

然而就在"水手 9 号"驶向火星的过程中，火星上发生了大规模的尘暴，这场持续了几个月的尘暴扼杀了随后赶到的 2 颗前苏联火星探测器——"火星 2 号"和"火星 3 号"。它们在 1971 年 11 月 27 日和 12 月 2 日投下的装置在工作了 20 秒之后就音信全无，仅仅传回了半张灰蒙蒙的照片。

"水手 9 号"躲过了火星尘暴的灾难。1971 年 12 月，它传回来的第一幅火星照片就给持"运河说"的人以致命的一击：火星上根本不存在什么运河，人们看到的——如果他们真的看到了的话，只是火星上的风形成的沙粒带状条纹，就如同我们在沙漠里看到的一样。

令那些支持"火星生命说"的人松了一口气的是，"水手 9 号"在火星上发现了许多干涸的河床，其中有的长达 1500 千米，宽 60 千米，这证明在火星上可能曾经存在过液态的水。只要有液态水，火星上就可能有生命。

1976 年 7 月和 9 月，"海盗 1 号"和"海盗 2 号"的探测器先后在火星着陆。在那里，它们确定了火星的大气成分，分析了火星土壤的样品，发布了火星上第一份气象报告，并探测到了火星的"地震"。"海盗"号着重研究了火星上的生命痕迹，得出的结论却并不确定。最后美国国家科学院用标准的科学语言总结了这些实验：它减小了火星上存在生命的可能性。

所以从"海盗"号登上火星之后，人类的火星探测已经不是去寻找"火星人"之类的高等生物了。

1996 年 12 月，美国发射"火星探路者"探测器。"火星探路者"的四个主要目的是：了解火星地形特征；选好人类登陆火星的着陆点；观测火星上的各种变迁；仔细探寻火星上的生命痕迹。

1997 年 7 月 4 日，"火星探路者"经过 7 个月的旅行，行程 4.94 亿千米，终于来到火星，并成功地在火星上的阿瑞斯平原着陆。这是自"海盗"号以后，人类再次把航天器送入火星表面，也是美国航天局跨世纪的一系列火星轨道和着陆探测计划的开始。

　　"火星探路者"登陆的场面非常热闹，而且从那样高的地方投下去，探测器受到的冲击力仅为 50 克，的确令人叹服。但大家应更多地关注火星车。这个 60 厘米乘以 45 厘米乘以 30 厘米的小家伙里包括 1 台计算机、70 个传感器、5 个激光测距仪和由 3 套摄像机组成的立体视镜系统，带有自动导航和前后轮独立转向系统，同时还有发动机、X 射线仪和其他分析仪器，非常精巧。它要迈

火星探路者

上一定的坡度，跨过岩石和深沟，还要屏蔽火星土壤的强磁性干扰。在背向地球时，它必须有能力独立使用 X 光分析仪和测距仪。这一切的难度都非常高。而为达到这些要求所做的工作，都是在航天器预算被削减了近 1/4 的情况下完成的。

知识小链接

激光测距仪

　　激光测距仪，是利用激光对目标的距离进行准确测定的仪器。激光测距仪在工作时向目标射出一束很细的激光，由光电元件接收目标反射的激光束，计时器测定激光束从发射到接收的时间，计算出从观测者到目标的距离。激光测距仪重量轻、体积小、操作简单、速度快而准确，其误差非常小。

　　"火星探路者"携带了一辆六轮小跑车，称为"漫游者"。"漫游者"在着陆器着陆后的第二天走下着陆器，开始对选定的目标进行研究。在以后的 90 天里，"火星探路者"共向人类发回了 1.6 万张照片。

火星上是否有生命

1996 年 8 月 6 日，美国航天局宣称，科学家们从一块来自火星的年龄为 40 亿~50 亿年的陨石上发现了可证明火星上曾经存在生命的化学物质。此举在全球引起了轩然大波，各国学者议论纷纷，各抒己见，连诺贝尔奖金获得者德迪韦也参加了这一世界性大辩论。他说："仅仅是从一块被认为可能来自火星的陨石中发现有机物并不能证明火星上曾存在生命。"英国天文学家希尔甚至怀疑这块石头是否真的来自火星，他说："只有当飞船在火星上着陆取回试样并发现生命的踪迹后，才能得出正确的结论。"我国科学家也参加了这一大讨论。

1996 年 11 月，美国发射"火星全球勘探者"飞船。"火星全球勘探者"在 1997 年 9 月进入火星轨道，这是人类成功地送入火星的第一个轨道器。

"火星全球勘探者"探测器在环绕火星的轨道上飞行时勘探其地质特征。它经过 10 个月的旅行抵达绕火星飞行的轨道，绘制火星地形图、分析火星大气成分和记录火星大气变化的情况，完成 1992 年升空的"火星观察者"探测器未完成的任务。"火星观察者"探测器原定 1993 年 8 月 24 日到达火星轨道，但 1993 年 8 月 21 日突然与地面失去联系。

火星上尼克尔森陨石坑中央峰的透视图

1996 年 12 月发射的探测器"火星探路者"，它于 1997 年 7 月 4 日在火星上着陆，并开始仔细搜索这个星球的表面曾经存在生命的证据。"火星探路者"在火星上着陆后投放一个被称为"漫游者"的火星车以收集火星表面样品，为人类登上火星寻找理想的着陆地点，考察火星表面一条干涸的河沟。"火星探路者"探测器用德尔他－2 火箭发射，它由轨道器和着陆器组成，重 800 千克，其中着陆器重 264 千克。当"火星探路者"进入火星轨道后，便绕火星运行。在运行到火星北纬 19.5°、西经 32.8°上空时，轨道器与着陆器分离，轨道器继续绕火星飞行进行考察，而着陆器则以15°～20°的角度和6.3千米/秒的速度从距火星表面8500千米处落下，在穿过离火星表面125千米高的稀薄大气层后，速度降为250米/秒，这是火星大气阻力所致。打开一张直径7.3米的降落伞，使着陆器的速度降至35米/秒。着陆器上的雷达高度计在距火星表面1.5千米时（速度为60～75米/秒）开始工作，当测到着陆器距火星表面300米时，其所带的气囊充气，以便着陆器软着陆；当距火星表面50～70米时，着陆器上的反推固体火箭点火工作，进一步减速。最后，着陆器在气囊的保护下落到火星表面。

需要说明的是，着陆器的进入角（与火星表面的夹角）过平易被火星大气层反弹，过陡则难以提供足够的时间使着陆器完成全部进入、下降和着陆任务。气囊可缓冲着陆器落到火星表面时的冲击。

着陆器在阿瑞斯谷谷口附近一条向外流的椭圆形河道处降落，之所以选择这一着陆场是因为它离火星赤道近，阳光充足。另外，此处"海拔"低，能为降落伞减速和雷达高度表捕获火星表面及测高争取时间。落点误差在100千米乘以25千米的椭圆范围内。

着陆器是一个锥形四面体，触地时四个表面的气囊能吸收相当于3米/秒垂直速度和50米/秒水平速度下落时的冲击能量，使落地时的冲击力小于50克。着陆后，不管着地的姿态怎样，着陆器三个侧面的三角形"花瓣"自动展开，露出着陆器内的各种装置和安装在一侧"花瓣"内表面的微型漫游越野车（因为是自动行走，用于搜集火星原始微生物或原始微生物的化石，所以也被人泛称为机器人）。这种设计能确保着陆器摆正位置，"花瓣"展开后的外露表面上还贴有砷化镓太阳能电池片。漫游车的主要任务是勘探，它在到达火星表面后的头7天内在着陆器的四周完成工程和科学的基本使命。此后到离着陆器更远的位置（在离着陆器200米的半径内）去执行范围更广的任务。

知识小链接

微 生 物

微生物是包括细菌、病毒、真菌以及一些小型的原生动物、显微藻类等在内的一大类生物群体。它个体微小，却与人类生活关系密切。它涵盖了有益有害的众多种类，广泛涉及健康、食品、医药、工农业、环保等诸多领域。

"火星探路者"终于找到了一些支持"火星生命说"的证据,从它发回的1.6万张照片中科学家发现,几十亿年前,火星的阿瑞斯平原曾发生过大洪水,而现在的火星可能与地球一样有晨雾,这说明火星上有水,有水就可能有生命。而"漫游者"的研究结果,证实前文所提及的含有有机物的陨星,可能来自火星,而美国航天局的科学家宣布,他们在这块陨星中发现了可能存在原始生命的证据。

知识小链接

阿瑞斯谷

阿瑞斯谷或称战神谷,位于火星克里斯平原东南方。名字源自于古希腊神话中的战神阿瑞斯。该峡谷有被水流侵蚀的特征,代表水可能曾经存在于火星。阿瑞斯谷从多丘陵的珍珠湾高地向西北"流"出,途中拉尼混沌的外流渠道汇入此谷,最终流入克里斯平原。

探测金星

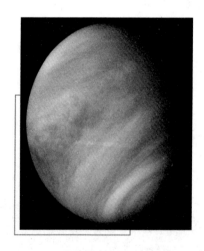

浓云覆盖下的金星

首先是前苏联的"金星1号",这是人类历史上发射的第一艘金星探测飞船,在1961年2月12日升空,但并不成功。

首度成功观测金星的是美国的"水手2号",于1962年8月27日升空,同年12月14日,通过在离金星34 830千米的地方探测金星。

首次在金星大气中直接测量的是前苏联的"金星4号",于1967年10月18日打开降落伞,降落于金星大气中。

首次软着陆成功的是前苏联的"金星7

号"，它于 1970 年 12 月 15 日降落于金星表面，送回各种观测资料。

前苏联在 1961～1983 年，共发射飞船 16 艘，除少数几艘失败外，大多数都按原计划发回不少重要资料。

美国在 1962 年发射"水手 2 号"以后，又在 1978 年 5 月 20 日和 8 月 8 日先后发射"先驱者金星 1 号"和"先驱者金星 2 号"，其中"先驱者金星 2 号"的探测器软着陆成功。至此，美国先后有 6 个探测金星的飞船上天。

你知道吗

地球的姐妹星——金星

金星是一颗类地行星，金星的半径约为 6073 千米，只比地球半径小 300 千米；体积是地球的 0.88 倍；质量为地球的 4/5；平均密度略小于地球。因此，金星被人们称为地球的"姐妹星"，金星也是太阳系中唯一一颗没有磁场的行星。在八大行星中金星的轨道最接近圆形，偏心率最小，仅为 0.7%。

金星的天空是橙黄色的。金星的高空有着巨大的圆顶状的云，它们离金星地面 48 千米以上，这些浓云悬挂在空中反射着太阳光。这些橙黄色的云是什么呢？原来竟是具有强烈腐蚀作用的浓硫酸雾，厚度有 20～30 千米。因此，金星上若也下雨的话，下的便全是硫酸雨，恐怕也没有几种动植物能经得住酸雨的洗礼。由此可知金星是个不毛之地。

知识小链接

酸 雨

酸雨正式的名称是为酸性沉降。它可分为"湿沉降"与"干沉降"两大类，前者指的是所有气状污染物或粒状污染物，随着雨、雪、雾或雹等降水形态而落到地面者，后者则是指在不下雨的日子，从空中降下来的落尘所带的酸性物质。

金星的大气又厚又重，大气中不仅有可怕的硫酸，还有惊人的压力。地球的大气压只有 1 个大气压左右，在金星的固定表面有 95 个大气压，几乎是地球大气的 100 倍，相当于地球海洋深处 1000 米的水压。人的身体是承受不起这么大的压力的，肯定会在一瞬间被压扁。

金星的大气中主要成分是二氧化碳，占气体总量的96%，而氧气仅占0.4%，这与地球上大气的结构刚好相反。金星大气中的二氧化碳比地球上的二氧化碳多出1万倍，人在金星上会喘不过气来，一准会被闷死。这里常常电闪雷鸣，几乎每时每刻都有雷电发生，让人避之不及。

金星是真正的"火炉"。地球上40℃的高温已经让人受不了，但金星表面的温度高得吓人，竟然高达460℃，足以把动植物烤焦，而且在黑夜并不冰冻，夜间的岩石也像通了电的电炉丝发出暗红色光。金星怎么会有这么恐怖的高温呢？这也是二氧化碳的"功劳"。白天，在强烈阳光照射下，金星地表很热，二氧化碳具有温室效应，就是说大气吸收的太阳能一旦变成了热能，便跑不出金星大气，而被大气挡了回来，二氧化碳活像厚厚的"被子"，把金星捂得严密不透风，酷热异常。再加上金星的一个白天相当于地球上58天半，吸收的热量更是越聚越多，热量只进不出，从而达到了460℃的高温，比最靠近太阳的水星白昼的温度还要高（水星约430℃）。

温室效应使金星昼夜几乎没有温差，没有冬夏季节变化。

其实，地球上也有温室效应，只不过地球大气中二氧化碳只占3.3%，所以地球温室效应远不如金星的强烈。但是，就是那么点二氧化碳，就可使地球的平均温度达到17℃。近年来，工业污染加剧，致使地球上二氧化碳含量有增加的趋势，地球的气候也逐渐有变暖的趋向，严重时两极冰川融化，海平面上升，一些陆地将被淹没。这该是引起人们高度重视的问题，因为我们不想让地球成为第二个金星。

金星上如此恶劣的环境，是以前的人们不曾想到过的。这位曾经是地球"孪生姐妹"的金

拓展阅读

温室效应

温室效应，又称花房效应，是大气保温效应的俗称。大气能使太阳短波辐射到达地面，但地表向外放出的长波热辐射线却被大气吸收，这样就使地表与低层大气温度增高，因其作用类似于栽培农作物的温室，故名温室效应。

星，一旦面纱被撩开，即刻让人们对金星上存在生命的幻想破灭了。

金星上有很少量的水，仅为地球上水的十万分之一。这些水分布在哪里呢？由"金星13号"和"金星14号"探测表明，在硫酸雾的低层，水汽含量比较大，占0.02%，而在金星大气层里含水量也占0.02%。金星表面找不到一滴水，整个金星表面就是一个特大的沙漠，在每日的大风中尘沙铺天盖地，到处昏昏沉沉。

金星地表与地球有几分相似。金星因为有大气保护，环形山没有水星、月球上的那么多，地表相对比较平坦，但是有高山。山的高度的最大落差与地球相似，也有高大的火山，延伸范围广达30万平方千米。大部分金星表面看起来像地球陆地。不过，地球陆地只占地球面积的3/10，其余7/10为广大海洋；而金星陆地占金星面积的5/6，剩下的1/6是小块无水的低地。

金星自转是行星中最独特的。自转与公转方向相反，是逆向自转。换句话说，从金星上看太阳，太阳是从西方升起，在东方落下。

金星逆向自转，是科学家用雷达探测金星表面根据反射器发回来的雷达波发现的。金星自转非常缓慢，每243天自转一周，如果我们在金星上观看星星，每过243天，才能在天空看到同一幅恒星图景；如果我们以太阳为基准测量金星自转周期，仅仅是116.8个地球日。因为，在这段时间，金星沿公转轨道前进了很大一段距离，在这243天中，可以看到2次日出和日落。所以，一个金星日是116.8个地球日，金星上的1天等于地球上116天多。

➤ 探测土星

土星有一个美丽的光环，这使得它在太阳系中十分引人注目。土星的大气成分复杂，赤道附近的风速超过500米/秒。土星有62颗天然卫星，人们最感兴趣的是土卫六，它是土星最大的一颗卫星。土卫六还有一个名字叫"泰坦"（希腊神话中的大力神），泰坦的引人注意之处不仅因为它的个头大，更重要的是它是太阳系中除了地球之外唯一具有稠密氮气大气层的天体。科学家猜测，泰坦上有海洋，海洋中含有有机物质，和原始的地球十分相似。如果能探测到泰坦上存在合成大分子有机物，就可以推测地球生命的诞生过程。

人类探测土星的使命，交给了"卡西尼"号土星探测器。1997年10月15日，美国成功发射了"卡西尼"号大型行星探测器，这是20世纪人类耗资最大的空间计划之一。

由于土星距离地球非常遥远，有8.2～10.2个天文单位（1个天文单位约合1.5亿千米），所以，即使使用当时推力最大的火箭，也无法把质量为6.4吨的"卡西尼"号加速到直飞土星的速度。

于是，科学家巧妙地为"卡西尼"号设计了借助金星、地球和木星之间的引力，接力加速奔向土星的旅程。这样一来，"卡西尼"号的行程将增加到35亿千米，历时7年。1998年4月，"卡西尼"号绕过金星，在金星引力的作用下，加速并改变方向；1999年6月，它再次飞过金星，利用金星引力进一步加速，向地球奔来；1999年8月，"卡西尼"号掠过地球，借助地球引力加速飞向木星；2001年1月，"卡西尼"号从木星那里进行最后一次借力加速后，直奔土星。两次金星借力，一次地球借力，一次木星借力，这样的飞行轨道安排就是著名的"VVEJ飞行"，这里的"V"、"E"、"J"分别是金星、地球、木星英文单词的首写字母。"VVEJ飞行"可以使"卡西尼"号的土星之旅节省77吨燃料，这相当于"卡西尼"号总质量的10倍。

1997年10月15日，美国肯尼迪航天中心，探测器"卡西尼"号由"大力神－4B"火箭托举，呼啸着向太空飞去，开始了历时7年、行程35亿千米的土星之旅。

"卡西尼"号抵达土星

在此之前，"先驱者11号"和"旅行者1号"及"旅行者2号"曾于20世纪七八十年代在土星附近飞过，它们拍到了土星表面及土星环的情况。"哈勃"望远镜也提供过出色的土星图像。但它们都只是浮光掠影，对土星没有细致地进行考察，更未能揭示出人们最感兴趣的土卫六云层下的世界。因此，美国航天局与欧洲空间局和意大利航天局联手，研制了最先进的"卡西尼"号，取名为"卡面尼"号是以此纪念发现了土星环之间最宽黑缝的天文学家卡西尼。

"卡西尼"号高约 2 层楼，直径约 3 米，总重 6.4 吨，比昔日辉煌的"旅行者"号探测器重 2~3 倍。它由轨道器和"惠更斯"子探测器组成，上面共有 18 台科学仪器，其中轨道器上 12 台，子探测器上 6 台。这些仪器包括可提供 50 万张土星、土星环及土星卫星照片的照相设备，可透过土卫六大气层的扫描雷达，监视土星大气和土星风的监测器，以及磁场探测器和宇宙尘埃探测器等。

知识小链接

卡 西 尼

卡西尼（1625—1712），生于意大利佩里纳尔多，早年在热那亚等地求学。从 1650 年起担任波洛尼亚大学天文学教授 19 年。1664 年开始研究木卫与木星的公转自转。他描述了木星表面的带纹和斑点，正确地解释为木星表面的大气现象；他还指出木星外形的扁圆状。他发现了土星的 4 颗卫星即土卫八、土卫五、土卫四和土卫三。

2004 年 7 月，"卡西尼"号抵达土星轨道后，轨道器环绕土星考察了 4 年，总共飞行 76 圈，并有 45 次飞近土卫六。而几个月后"惠更斯"探测器从轨道器分离出去，进入土卫六进行探测。"惠更斯"子探测器是一个直径 2.7 米的碟形物体，质量为 343 千克，它利用降落伞在土卫六表面着陆。在 2.5 小时的降落过程中，它用所带仪器分析土卫六大气成分，测量风速和探测大气层内的悬浮粒子，并在着陆后维持工作状态 1 小时。所搜集到的数据及拍摄的图片通过"卡西尼"轨道器传送回地球。

由于路途遥远，"卡西尼"探测器携带的主燃料罐装有 3000 千克的燃料，以满足 2 台二元推进主发动机的需要，另有 142 千克肼燃料供给 16 个小型反作用力推进器。这些小推进器用于控制航天器的飞行方向和微调飞行路线。

"卡西尼"号土星探测器实现了环绕土星运行轨道飞行的计划，并发回了一组关于土卫六的清晰的照片。科学家们对此进行了研究。

科学家们发现，除了一片特别炫目的云外，土卫六的天空几乎没有一丝云的痕迹。这片特别炫目的云面积跟美国的亚利桑那州大小差不多，位于土卫六的南极，在土星的夏季，这里一天都可以得到光线的照射。这块罕见的云需要四五个小时才能形成，类似于地球上夏季出现的堆积云。但土卫六上的云层主要由甲烷组成，而不是主要由水组成。

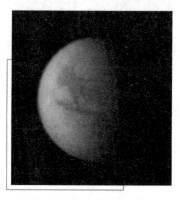

这是"卡西尼"号宇宙飞船飞过泰坦时拍摄的图像

基本小知识

甲　烷

甲烷在自然界分布很广，是天然气、沼气、油田气及煤矿坑道气的主要成分。它可作为燃料使用，也是制造氢气、炭黑、一氧化碳、乙炔、氢氰酸及甲醛等物质的原料。化学符号为 CH_4。

"卡西尼"号探测器还通过分光仪拍到了土卫六的一些照片，分光仪的波长从可见光到红外线光不等。照片显示，土卫六表面到处分布着冰块和碳氢化合物。

科学家们还发现，位于土星光环之间的"卡西尼缝"充满了灰尘。就是这层光环，每秒可引发 680 次土星物质间的碰撞，也就是说，每秒可给土星留下 10 万个左右的大小土坑。

▶ 探测木星

木星是太阳系中最大的一颗行星，其质量相当于地球的 317 倍，其体积为地球的 1300 倍。木星自转一周仅需 10 小时，而环绕太阳公转一周大约需要 12 年。数百年来人类一直关注着木星，长期的观测使人们对木星有了一些初步了解：如木星是个椭球体，其表面有与赤道平行的或明或暗的条纹，没有高山和陆地，只是液态氢的"海洋"；木星有光环，但远不如土星的光环那样美丽；在木星周围有 4 颗大的卫星等。尽管如此，还是有许多疑点得不到解答，如木星上的云为什么是黄色的？木星大气层的成分是什么？木星上雷电的成因是否与地球雷电的成因相同？作为行星的木星为什么会从其内部发出能量？著名的木星大红斑的本质是什么？为什么木卫一有那么活跃的火山爆发？

为了进一步了解木星，近几十年来人类已向木星发射了"先驱者 10 号"（1973 年）、"先驱者 11 号"（1974 年）、"旅行者 1 号"（1977 年）、"旅行者 2 号"（1979 年）、"伽利略"号（1989 年）共 5 颗航天器。它们从木星周围飞过，考察了木星和它的卫星，发回了许多宝贵的图像和测量资料。

美国国家航天局（NASA）研制的"伽利略"探测器对人类了解木星作出了很大的贡献。它由轨道飞行器和木星大气探测器两大部分组成。"伽利略"轨道飞行器完成的主要任务有：①接收并储存木星大气探测器测定的木星大气的温度、压力、成分等物理量以及它们随高度变化的情况，并把信息发送回地球的测控中心；②2 年内环绕了木星 11 圈，对木星大量卫星及其周围环境进行近距离考察。在环绕木星运行的轨道飞行器上装有多种先进设备，固体摄像机、紫外分光仪等遥感设备可以获得木星及其卫星的详细图像，分析木星表面物质的化学成分、大气组成和来自木星表面的辐射能；磁力计和尘埃计数器则可监测木星周围环境，了解木星磁层和辐射带的结构及木星周围尘埃的分布情况。在木星大气探测器上装有许多观测仪，以测量和研究木星大气的化学成分、温度、压力、云的高度、能量的传递、由雷引起的发光放电现象。

知识小链接

遥 感

遥感是指非接触的，远距离的探测技术。一般指运用传感器对物体的电磁波的辐射、反射特性的探测，并根据其特性对物体的性质、特征和状态进行分析的理论、方法和应用的科学技术。

耗费 13.5 亿美元的"伽利略"号探测器计划开始于 1977 年，经过 12 年的开发研制，终于在 1989 年 10 月由"亚特兰蒂斯"号航天飞机将"伽利略"号探测器送入太空。"伽利略"号探测器在到达木星前对其他星球进行了大量的探测活动，包括对地球和月球的大量探测。如果按原计划，该探测器将直接飞往木星，行程只需 2 年，后来因故改变了计划。"伽利略"号探测器离开地球后，首先向太阳飞去，1990 年与金星相遇，被加速后沿更大的绕日轨道飞行，同年 12 月首次飞过地球，受地球重力影响，其飞行速度增加到 14 万千米/小时以上。在这期间，"伽利略"号探测器拍摄了金星、地球、月球的图像。在随后飞往木星的途中，于 1991 年 10 月和 1993 年 8 月分别从 95 号小行星"伽斯帕拉"和 243 号小行星"艾达"附近飞过，距离"伽斯帕拉"星是 1800 千米，距离"艾达"星是 2400 千米，首次取得小行星的特写图像，并发现小行星"艾达"也有自己的卫星。1994 年 7 月，"伽利略"号探测器直接观测了"苏梅克－列维"9 号彗星撞击木星的情况，并把它记录了下来。1995 年 1 月，"伽利略"号探测器发回了完整的"苏梅克－列维"9 号彗星的观测图像，其中包括 W 碎片冲击的部分时序图像，这一冲击持续了 26 秒。地面工作人员还收到了从光偏振辐射仪、红外测试仪、紫外测试仪得到的 R 碎片冲击数据，并对此进行了分析。

"伽利略"号探测器在经过大约 36 亿千米和长达 6 年多的空间旅行后，于 1995 年 7 月到达木星轨道，随后释放的木星大气探测器以预定的角度进入木星大气层，顺利完成了飞向木星的艰难任务。同时，轨道飞行器开始了对木星为期 2 年的探测活动。

"伽利略"号探测器向木星发射的木星大气探测器重 339 千克，于 1995 年 12 月 7 日飞进环境恶劣、飞速旋转的木星大气层，执行一次有去无回的探测任务。木星大气探测器以高于 170 000 千米/小时的速度冲入木星大气层，减速力相当于地球重力强度的 230 倍。在减速过程中，一个热防护罩保护了探测器的科学仪器，其后，一个巨大的降落伞打开以保障探测器缓慢而受控下降。虽然大气探测器在木星云端下方 130～160 千米运行，但仅能探测到木星大气层上部很小一部分。该探测器的任务是探测稀薄而炽热的大气层的 1/5。在木星大气层更深处，温度和压力变化太大，影响仪器的正常工作。在

130 千米的深处，大气压力超过地球压力的 20 倍，尽管仪器设计得很先进，但不得不向恶劣环境屈服。美国航天局证实，该探测器在向木星大气层内下降约 640 千米，在被是地球大气压力的 20 倍的木星大气压力摧毁之前，向地球传送了大约 57 分钟的数据（比预计的时间缩短了 18 分钟）。首先它把获得的数据传送到位于其上方 20 多万千米的轨道飞行器上储存，然后传送回地球。与此同时，轨道飞行器已进入环绕木星的椭圆轨道。

　　12 月 7 日，在木星大气探测器进入木星大气层的同时，轨道飞行器则掠过多火山的木卫一，并抓拍了很清晰的图像。和我们熟悉的月亮一样，一些木星的卫星被撞击坑所覆盖，陨石在那里撞入地面。而木卫一被数百个连续向外喷出火山喷射物的火山口所覆盖。据分析，每 100 年喷射物可将木卫一覆盖一遍。还有一部分火山喷发物则被强有力的木星磁场所捕获。令人惊异的是，木卫一火山喷发产生的是充满等离子气体环的被电离的材料。等离子气体环是木星磁场的

拓展阅读

硫黄及其应用

　　硫黄别名硫、胶体硫、硫黄块。外观为淡黄色脆性结晶或粉末，有特殊臭味。分子量为 32.06，蒸汽压是 0.13kPa，闪点为 207℃，熔点为 119℃，沸点为 444.6℃，相对密度（水＝1）为 2.0。硫黄不溶于水，微溶于乙醇、醚，易溶于二硫化碳。作为易燃固体，硫黄主要用于制造染料、农药、火柴、火药、橡胶、人造丝等。

一个小的组成部分，木卫一特有的橘黄色来自硫黄。那么木卫一的火山是如何喷发的呢？它们的化学成分是什么？它们喷发的频率如何？木卫一的壳体是厚还是薄呢？它对火山喷发起什么作用？科学家应用"伽利略"号探测器获得的资料来回答了这些问题。1995 年 12 月 7 日，轨道飞行器与木卫一实现了唯一一次近距离交会，这是因为木卫一深深地处于木星的辐射带内，强烈的射线环境对航天器的电子设备是有害的，使其不可能第二次在严重的木星辐射环境下通过木卫一轨道。

　　轨道飞行器还花费了若干天时间深入到木星的辐射带。"伽利略"号探测

器的工程师们一直非常关注该辐射带对航天器的影响。该辐射带是由高速运行的带电粒子组成，并处于木卫一轨道附近，它的能量足以致人于死地。

"伽利略"号宇宙飞船发回的木卫一的图片

美国航天局的科学家们在 1995 年 12 月 10 日收到"伽利略"号轨道飞行器从 37 亿千米以外的太空发回的第一批木星数据，使人类第一次有机会看到庞大的木星的特写照片。科学家们根据发回的数据首次测定这颗巨大星球的大气层特性，如大气构成、气候和大气形式等。"伽利略"号轨道飞行器第一次向地球发回总共 57 分钟的探测数据，这些数据的传输一直持续到 1995 年 12 月 13 日。57 分钟的数据，地面接收站直到 1996 年 2 月才全部收回。

经过对"伽利略"号轨道飞行器发回的最初数据进行的初步分析表明，木星大气结构与过去科学家们预想的有很大不同，它提供了一系列新的发现，这些新的发现促使了科学家们重新考虑他们的木星形成理论和行星演变过程的特性。这些新发现包括：

（1）探测器经过的木星大气层区域比预想的要干燥，与 1979 年从木星飞过的"旅行者"号航天器发回的数据所进行的推测相比，水含量要少得多。

（2）探测器的仪器发现，虽然个别雷电的能量比地球上类似的雷电能量大 10 倍，但总的来说，木星上的雷电量是地球上同样大小区域发生雷电量的 1/10。

（3）探测器对木星南端的大气层进行了探测，并未发现多数研究者一直认定的三层云结构，而仅仅只有一个特殊的云层（按地球的标准说就是稀薄的云层）被观察到。该云层可能是含氨和硫化氢的云层。过去曾推测它由三个云层组成，上层是氨晶体层，中层是氨和硫化氢层，下层是水和冰的晶体组成的薄层。

知识小链接

硫　化　氢

　　硫化氢（H_2S）是硫的氢化物中最简单的一种，又名氢硫酸。其分子的几何形状和水分子相似，为弯曲形。因此它是一个极性分子。在300℃左右时硫化氢就能分解。常温时硫化氢是一种无色、有臭鸡蛋气味的剧毒气体，应在通风处进行使用，使用时必须采取防护措施。

　　（4）最有意义的是，在木星大气层中氦和氢的含量比例已和太阳上的氦氢含量比相当，这说明，自木星数十亿年前形成以来，其基本成分没有改变。在行星演化理论中，氦与氢质量之比是一个关键要素。对太阳而言，氦值约为25%，对探测器氦含量监测仪得到的结果进行更全面地分析，已经把木星的这一数值提高到24%。"伽利略"号探测器项目科学家里查德·扬说，被改变的氦含量意味着，重力引起的朝向内部的氦沉积并不像在土星上发生的那样快。对土星氦氢质量比的估计值为6%，于是可以确定，木星的温度比土星的温度要高得多。

　　（5）木星大气探测器在穿过稠密的木星大气层时探测到极强的风和强烈的湍流，木星风的位置始终比探测到的云层要低得多。这就为科学家们提供了证据，说明驱动木星大量的有特色的环流现象的能源可能来自这颗行星内部释放的热流，而不是像过去预想的是照射到木星上层大气的阳光，或者是位于木星大气层中部的水蒸气引起的化学反应产生的热能。据科学家分析，在木星上，天气的影响范围也许不在木星表面，在热力驱动下，风从这颗行星的云端一直刮到它充满气体、翻滚搅动的表面下16 000千米处。木星风即使在云层下161千米处（这是探测器所能探测的最深处）的速度也超过644千米/小时。

　　（6）探测器还发现了一个新的强辐射带，大约在木星云层上方5万多千米没有雷电的地方。在探测器高速进入木星大气层阶段，对大气层上部进行的测量结果显示，大气密度比期望的要大，相应温度也比预先估计的要高。

　　"伽利略"轨道飞行器还飞临木星的3颗最大的卫星——木卫二、木卫

三、木卫四。其中 4 次飞临木卫三，3 次飞临木卫二和木卫四。它还从中距离对木卫一进行了拍照。每次相遇都使其获得加速力，并按花瓣形轨迹完成在木星系统的运行，使人类第一次完整地观察到木星、木星的卫星及木星的广阔磁场。

"伽利略"号轨道飞行器于 1997 年 12 月 7 日向地球发回最后的信号，然后飞进木星大气层被烧毁。

探测彗星

太阳系里的彗星，大部分在远离太阳的极其寒冷的地方出没。彗星上保存着太阳系形成早期的最原始的物质，可是，彗星究竟是由什么物质组成的，我们对此只有猜测而不能定论。

为了采集彗星的原始物质，1999 年 2 月，美国航天局派出了"星尘"号探测器，它在 2004 年与一个叫"怀尔德 2 号"的彗星相遇。"星尘"号探测

展开的"星尘"号探测器

器是一个质量达 385 千克的机器人，在地球引力的帮助下，它穿越了 4.8 千米的彗星轨道平面和彗星相遇。在相遇之时，"星尘"号伸出一只用气凝胶构成的巨型"手套"，从彗尾处收集星体物质，将它装在返回舱里，带回了地面。这是人类第一次从"地 - 月系统"外收集到的天体标本。

美国航天局"星尘"号的返回舱于 2006 年 1 月 15 日在犹他州沙漠中着陆成功，结束了 46 亿千米的旅行。这是人类太空探测史上第一次获取彗星物质和星际尘埃样品。为了获取这些彗星物质和星际尘埃，此项飞行计划共耗资 2.12 亿美元。

👁 地球的 "名片"

地球之外到底有没有外星人呢？他们在哪？长什么样？像这些有趣的问题，一直是科幻小说、动画片的题材。当然了，科学家们也在努力探讨着这个问题。为了寻找地球外的兄弟生物，人类已开始把地球上的信息带到了宇宙空间中，这些信息像是地球的名片一样，可以让地球外的生物了解地球。1977 年，美国连续发射了 "旅行者 1 号" 和 "旅行者 2 号" 2 艘飞船，它们的任务是在一定的时间内连续考察木星、土星、天王星、海王星，然后直奔银河系空间。在这 2 艘飞船上，放了一架特制的电唱机和一套精心选录的 "唱片" ——地球之音。上面录制了有关人类起源、发展的各种信息、资料，包括 115 张照片和图表，大自然中的 35 种声音，27 种世界著名乐曲，世界 60 种不同语言的问候。其中有 2 张照片是关于中国的：一张是万里长城，一张是中国人一家共进午餐的情景。乐曲中有中国古典乐曲《高山流水》。问候语言中还包括我国的 3 种方言。这些 "唱片" 外面镀了不易氧化的金，还加了一个特殊的金属保护罩，所以，它们可在宇宙中保存 10 亿年之久。

👁 奇妙的太空生活

我们是生活在一个有引力的世界里，如：茶杯倒过来，茶杯里的水就流走了；铁球会落到水底里。对这些，我们早已习以为常了。可是你知道吗，宇航员在太空中却生活在失重的世界里，一切都变得奇妙有趣极了。

在太空中，人们穿的衣服总是不贴身的，就像被风吹似的鼓起来，轻飘飘的，所以要穿些能够紧贴身上的且有一定弹性的衣服。在太空中，吃的东西一般都是干湿适中的胶状物，并且要装在牙膏式的管子里，用时只要一挤便可以了。干的食品要一口吃一个，放到嘴里后再嚼碎，以免四处飞散。喝的饮料要装在一种带管子的软塑料瓶子里，挤一下，喝一口。睡觉倒十分简单，根本用不着床，躺着和站着一样，都可以入睡。但请不要忘记，睡前要把自己挂在某个地方，否则睡着后会到处飘来游去。一般情况下，宇航员们都钻进睡袋里，然后把睡袋挂在墙上或者天花板上，真是妙极了。人在宇宙飞船里可以像神仙一样飞来飞去，也可以停留在任何位置上。太空生活是不是很奇妙呢？

人造地球卫星的外形

　　人造地球卫星已经成为人们最熟悉的一种空间飞行器。但是，别以为人造地球卫星已经不稀罕了，它在空间上却扮演着越来越重要的角色。那么，人造地球卫星究竟都长什么样呢？

人造卫星

　　说起卫星的外貌，真可谓千姿百态：球形的、多面形的、圆柱形的、棱柱形的等，有的像哑铃，有的像王冠，有的像蝴蝶，有的像展翅欲飞的大鹏，总之，你可充分发挥你的想象力来形容卫星的外貌。但是，科学家们设计卫星的外形时，却不是随心所欲，只讲究美观的。卫星外形与卫星的有效容积，姿态控制性，能源要求，科学探测要求，运载火箭的大小等因素有关。如：球形的人造卫星，可具有最大的有效容积从而可以安装更多的仪器设备。从卫星姿态控制来说，如果要求卫星靠自旋来保持稳定，就应该让它有旋转体的外形，这样才可以保证卫星能均匀地移动。总之，科学家在设计时总是有多种外形设想，然后找出一种最佳外形。

人造卫星的用处

　　人造卫星是人类制造的，在地球引力作用下，围绕地球运动的人造天体。根据到 1982 年 7 月 1 日的统计，包括卫星本位、各种碎片等，总共有 13 317

个人造天体。其中主要是人造地球卫星。这些航天器形状各异，用途也各不相同。如果按照其用途可分为科学卫星、应用卫星和技术试验卫星三大类。这些卫星用处可大了。

科学卫星主要携带探测仪器，对极光、微流星、太阳辐射、恒星等基本自然现象进行有选择的探测研究，还可以在空间进行污染较大的生物、细菌等实验。应用卫星则对人类有直接的经济或军事价值。技术试验卫星是进行新技术试验或为应用卫星进行试验的卫星。

应用卫星可分为好几种，每一种都有自己的妙用。通信卫星可以不受或少受电离层昼夜变化和太阳活动等不利条件的影响，快速地传递各种信息；气象卫星可以在很短的时间内，把地球上绝大部分地区的气象资料搜集起来，从而使气象工作者能报道出比较准确的天气预报；地球资源卫星可以研究地质断层，探矿，预测农作物产量，了解各种灾害情况等；导航卫星可以精确地确定飞机或船舰的位置。

知识小链接

极　光

极光，是由于太阳带电粒子（太阳风）进入地球磁场，导致在地球南北两极附近地区的高空的夜间出现的光辉。在南极称为南极光，在北极称为北极光。

我们在看电影或小说时，常常为侦察兵的机智、勇敢、深入敌后的临危不惧而羡慕倾倒。但是自从有了军事卫星之后，侦察兵的一些工作就可以由军事卫星去完成了。1957 年 10 月 4 日，人类发射了第一颗由前苏联制造的人造地球卫星。随着科学技术的发展，已有越来越多的"人造小月亮"上天。其中专门从事军事侦察的军用卫星也是一种应用卫星，它具有卫星轨道高、视野大的特点，又配备有高分辨率的仪器，使得卫星视野内的任何地面活动，完全在卫星的监视之下。军用卫星有的可用来拍摄地面目标照片；有的利用电子设备对别国的无线电报、电话、电视信号以及航天器所发出的无线电信号加以监视和侦察；有的则用来侦察别国发射导弹和核爆炸情况。200 千米高空的侦察卫星，能够拍摄到地面上只有 50 厘米长短的物体，还能探测出一根火柴发的光。总之，地球上任何隐蔽的军事活动，都在军用卫星的监视之下。

 卫星通信

利用在地球轨道上运行的人造卫星为地面上各不相同地点间提供通信联系，就是卫星通信。卫星通信是人类对空间技术最重要的非军事应用之一。

通信卫星系列对我们的生活有直接的影响。例如你是足球爱好者，一定喜欢看世界杯足球赛的现场直播，这就要借助于通信卫星了。

通信卫星的设计非常复杂，由镍－镉蓄电池供电，并由几千个太阳能电池为蓄电池充电。它可以不受或少受电离层昼夜变化和太阳活动等不利条件的影响，接收和扩大地面信号，然后快速迅捷地向另一地面接收站转播。1962 年 7 月 10 日电信卫星发射成功。这样，欧洲电视机屏幕上第一次成功地收到由大西洋彼岸发射并经英国和法国中继台转播的电视图像。1963 年 2 月此卫星停止通信。1963 年 5 月 7 日继电信卫星系列之后发射的通信卫星

广角镜

通信卫星及其分类

通信卫星，是指无线电通信中继站的人造地球卫星，是卫星通信系统的空间部分。通信卫星转发无线电信号，实现卫星通信地球站（含手机终端）之间或地球站与航天器之间的通信。通信卫星按轨道的不同分为地球静止轨道通信卫星、大椭圆轨道通信卫星、中轨道通信卫星和低轨道通信卫星；按服务区域不同分为国际通信卫星、区域通信卫星和国内通信卫星；按用途的不同分为军用通信卫星、民用通信卫星和商业通信卫星；按通信业务种类的不同分为固定通信卫星、移动通信卫星、电视广播卫星、海事通信卫星、跟踪和数据中继卫星；按用途多少的不同分为专用通信卫星和多用途通信卫星。

都进入较高的圆形轨道，保持与地球相对固定的位置。通信卫星能把信号放大一万倍以上，把无线电信号转送到几千千米之外。如果发射 3～4 颗同步卫星，便可以把一个地方的电视节目转播到全世界。

　　这种技术将所需信号从一个地面站发向轨道上的一颗卫星，卫星上的设备接收并放大这些信号，再转发到另一个地面站，就完成了卫星通信。通信卫星可以在国家之间和各大洲之间转播实况，开展国际电话业务。1958 年 12 月 18 日，美国发射了第一颗通信实验卫星。此后，其他国家和国际组织陆续发射了一些卫星，主要用于通信及转播电视节目。最早的民用通信卫星是 1965 年发射的"晨鸟"号同步卫星，它是国际通信卫星组织发射的第一颗卫星。卫星通信技术的发展克服了极大困难，是科学家智慧的结晶。伴随着科学技术的进步，科学家会充分利用卫星通信的潜力，为人类在新的世纪提供更为便捷快速的服务。

知识小链接

国际通信卫星组织

　　国际通信卫星组织，为政府间全球性商业通信卫星机构，简称卫星组织。它的宗旨是建立和发展全球商业卫星通信系统，供世界各国平等使用。总部设在美国华盛顿。20 世纪 60 年代初，美国与英、法、日等国进行了一系列试验，将人造卫星成功地用于沟通横跨大洋的国际通信。

▶ 宇航员的烦恼

　　宇航员在太空中的生活就像传说中的神仙一样奇妙有趣、不可思议。可是，宇航员也有他们的烦恼。

　　在地球上生活的人类，由于地球引力的作用，人体的肌肉、骨骼和各种器官，它们的内部以及相互间都存在一定的压力和拉力。但是到了宇宙飞船的船舱里，由于处于失重状态，这些力都消失了。这样，就会使人的一些生理机能发生变化，也就是得了所谓的"宇宙病"。比如，人的肌肉长期处于失重情况下的松弛状态，便会逐渐萎缩，即使穿着弹性的衣服，能对人体肌肉施加压力，减轻肌肉的萎缩，但长时间生活在太空里也会发生肌肉萎缩现象。

太空生活

再如，由于骨骼总是不受力，骨骼中的钙质就会逐渐随尿液排出体外；而血液失去了重量，血管的阻力减小了，就会使心脏的功能逐渐退化等。为了避免或克服"宇宙病"，宇航员在太空生活期间必须加强体质训练，锻炼身体各部分的器官，而且宇航员在太空中不能生活得太久。可见，宇航员的生活也不总是轻松有趣的。

航天史上的第一

作为天文爱好者，你必须对航天史上的具有划时代意义的重要事件有所了解。

1957年10月4日前苏联发射的"卫星1号"，是人类历史上的第一颗人造卫星。

1959年10月4日，前苏联发射了"月球3号"自动行星际站。同年10月7日，行星际站转到了月球的背面大约7000千米的高空，对月球背面进行了拍照，然后进行自动处理，再通过电视传真装置把资料发回地球。这是第一张月球背面照片。

1961年4月12日，前苏联发射的"东方"号宇宙飞船是第一艘载人的宇宙飞船。著名宇航员加加林就是乘此艘飞船登上太空的。他是世界上第一位登上太空的人。"东方"号用1小时48分的时间绕地球飞行了一周。

1969年7月20日，美国"阿波罗11号"载人飞船飞上太空。这是第一艘登上月球的宇宙飞船。乘坐此船的美国人阿姆斯特朗和柯林斯，也就成为第一次登上月球的人了。到1987年为止，已有12个人登上过月球。

而第一个在太空行走的男宇航员是美国的布鲁斯·麦坎德利。他在1984年2月7日，在不系安全带的情况下走出机舱大约100米，在太空走了90分钟后又安全返回"挑战者"号航天飞机。

1971 年 4 月，前苏联发射了"礼炮 1 号"太空站，这是人类在宇宙中建立的第一个太空站。

1972 年 12 月 7 日，美国施米特博士和另一名宇航员赛南上校乘"阿波罗 17 号"宇宙飞船飞往月球，进行了历时 74 小时 59 分的月球考察，是人类在月球上停留时间最长的一次。

1981 年 4 月 12 日，美国研制的第一架可重复使用的航天飞机飞向了地球轨道，绕地球飞行了 36 圈，从起飞到降落经过了 54 小时 20 分钟。

第一个在舱外太空作业的女宇航员是前苏联的斯韦特兰娜·萨维茨卡娅。她在 1987 年 7 月 25 日走出正在太空运行的前苏联"礼炮 7 号"太空站舱外，她在离地球高达 300 千米的太空中借助万能手工工具在舱外先后进行了 3 小时 35 分钟的金属切割焊接和喷涂。

▶ 人为什么能在太空 "漫步"

古人曾有"嫦娥奔月"的美丽传说，而今人类不仅成功地多次登上月球，而且宇航员还实现了在太空"行走"。

那么，为什么人能在太空"漫步"，而不掉到地面呢？这是因为宇航员利用惯性的原理，克服了地球的引力。

我们知道，运动物体的速度足够大时，它在空中所"走"的路程也会足够长。它一方面受到地球引力要回落地面，另一方面运动物体在自由下落时，已经

太空漫步

获得很大的向前速度，这样在它们自由下落时，每落下几米，就要向前飞越几千米，由于地球是圆的，所以运动物体离地面的高度不变，甚至会变大。所以，人造卫星或宇宙飞船保持一定飞行速度是不会掉到地面上的。宇航员

从运行速度很大的航天器里爬出来，他本身也就变成了一艘围绕地球旋转的"人体地球卫星"了。当然，宇航员要穿特制的宇航服，系上保险带或者携带一个氮气推进器。只有这样，宇航员才能和航天飞机保持相对位置，并能随时地返回航天飞机里。

知识小链接

太空行走

太空行走是载人航天的一项关键技术，是载人航天工程在轨道上安装大型设备，进行科学实验，施放卫星，检查和维修航天器的重要手段。狭义的太空行走中，还要考虑到太空的微重力环境对航天员人身安全可能造成的影响。要实现太空行走这一目标，需要诸多的特殊技术保障。

▶ 未来的星际飞船

最靠近地球的恒星，除太阳外，是半人马座比邻星。它是一个暗红色的天体，距离地球仅4.2光年。虽然，与其他恒星相比，它离地球较近，但仍比我们到太阳系内最远的天体的距离要远1000多倍。如果乘坐现代宇宙飞船航行，从地球到半人马座比邻星需上百万年。显然，这对于今天的宇航员来说所需时间实在是太长了，根本就不可能实现。但将来的宇宙飞船的速度会比现在的快得多，经过飞船上众

你知道吗

半人马座

在希腊神话中，半人马是一种奔跑迅速、举止温和的生物，它们时常与人类交往。天空中有两个半人半马的形象的星座，一个是半人马座，另一个是人马座。半人马座是一个巨大的明亮星座，它拥有两颗一等大星，是全天第三亮星。半人马座是南天星座之一，对南半球的观测者来说，半人马座是秋天晚上的星座。

多家庭几代人连续不断的接力赛式的努力，星际航行有可能成为现实。那时星际飞船的形状将是一个扁平的圆盘，之所以要做成扁圆形，是为了提供足够大的面积以分布推进器，燃料以及生活区、工厂、商店等和其他与生活设施有关的建筑，并在航行的正前方拥有尽可能大的表面积，以便减小与星际物质撞击的可能性，同时减小撞击时受损坏的程度。总之，随着科学技术的发展，人类完全有可能去拜访星空的任何一名成员。

◑ 太阳和日球层探测器

太阳和日球层探测器，是欧洲空间局与美国航天局的一个合作项目，它是在1995年12月发射成功的。它是观测太阳的重要人造地球卫星，但它在1998年6月25日突然与地面的通信失去联系。天文学家在经过一个半月的努力后，终于使它在1998年8月5日再度出现。

为寻找这颗卫星，天文学家动用了放在波多黎各阿雷西沃的射电望远镜。这座望远镜在1998年7月23日向太阳和日球层探测器发出了信号，经过卫星反射之后，成功地被美国航天局的"深空探测网"接收到了，经过数据的初步分析，太阳和日球层探测器基本没有损坏。太阳和日球层探测器具有两大特点：一个是它有优越的轨道位置，可以不间断地观测太阳获取大量数据。二是它装载的12台探测仪，单独使用就足以获得突破性进展，合起来则可把整个太阳和月球空间的不同层面的不同现象串起来研究。太阳和日球层探测器能够从里到外探测太阳的三个区域：一是太阳深处；二是太阳大气；三是太阳风。科学家期待通过它可以获得更多的太阳观测数据。

◑ 最昂贵的天文卫星

宇宙是包括地球及其他一切天体在内的近乎于无穷的空间和时间。宇宙是一个有层次的系统，地球为太阳系的一个成员，太阳系只是银河系一部分。

人们只能凭借天体的辐射来认识宇宙。近年来，天文卫星的发明极大地提高了人类探索宇宙的速度。天文卫星超越大气层在太空观测天体，可获得它们的完整和准确的辐射信息，能观察到距离更远，亮度更微弱的宇宙天体，同时不受地面杂光和天气等因素的影响和限制。

航天飞机的历史意义

航天飞机是可重复使用的、往返于太空和地面之间的航天器，结合了飞机与航天器的性质。它既能把人造卫星等航天器送入太空，也能像载人飞船那样在轨道上运行，还能像飞机那样在大气层中滑翔着陆。航天飞机是人类自由进出太空的很好的工具，它大大降低航天活动的费用，是航天史上的一个重要里程碑。

在迄今为止已发射的天文卫星中，价值最昂贵、成果最突出的要算美国 1990 年 4 月 25 日用"发现"号航天飞机送入太空的"哈勃"空间望远镜。"哈勃"空间望远镜的研制，发射费用达 21 亿美元，初始运行轨道高度约为 620 千米的近圆轨道。其外形宛如一辆长翅的大型公共汽车，长约为 13.1 米，最大直径约为 4.3 米，总质量约 11.6 吨，设计寿命为 15 年。截至 1997 年 1 月，共有 20 多个国家的 2000 多名科学家利用"哈勃"空间望远镜进行了 11 万次天文观测，取得了一系列重大发现。

不辱使命的 "尤利西斯" 号

古希腊神话中，尤利西斯是特洛伊战争中的英雄，是一位不知疲倦的传奇人物。而现代的"尤利西斯"是一个探日飞行器，它同样发挥了英雄本色，取得了杰出的成就。

欧洲空间局和美国航天局在 20 世纪 80 年代中期拟订了一个全面观测太阳的计划——"尤利西斯"计划。在这个计划中，飞船和仪器由欧洲空间局制造，发射和通信由美国航天局提供。"尤利西斯"号在 1990 年 10 月 6 日发射成功，14个月后到达了木星，然后飞向太阳。在经过木星之后2年，即1994年6月至10月，"尤利西斯"号从太阳南极区域上空通过，此后，飞船又一次穿过黄道面（地球绕太阳运行轨道面），在1995年的6月和9月，从太阳的北极上空穿过。"尤利西斯"号飞船绕太阳转动的整个周期是6.3年。"尤利西斯"号飞行器携带的9架仪器和2套无线电接收机，在1994年6月至9月开始了人类历史上第一次太阳极地探测，收集了大批珍贵资料，有了重大的观测成果。

◤ 气象卫星

用于探测地球大气的气象要素和天气现象的气象卫星，既是认识和了解地球的一种卫星，又是广泛用于国民经济领域和与人们日常生活息息相关的一种卫星。气象卫星的有效载荷主要为波段通道的可见光——红外辐射

你知道吗

世界上第一颗试验性气象卫星

1960年4月1日，美国发射了世界上第一颗试验性气象卫星"泰罗斯1号"。这颗试验气象卫星呈18面柱体，高48厘米，直径107厘米。"泰罗斯"号上装有电视摄像机、遥控磁带记录器及照片资料传输装置。它在700千米高的近圆轨道上绕地球运转1135圈，共拍摄云图和地势照片22 952张，有用率达60%。具有当时最优秀的技术性能。

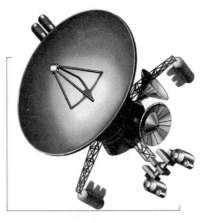

气象卫星

扫描仪以及红外分光镜，微波探测器等。前者用来获取地面和大气层的可见光和红外辐射信息并将其转换成电信号，再经过卫星上的传输系统将信号送到地面复原成图像并绘制出云图。不同天气系统有不同

的云系。它们在云图上有不同的表现形态。气象卫星按运行轨道一般分为太阳同步轨道气象卫星和地球静止轨道气象卫星。前者每颗卫星每天巡察地球2遍，可获得全球性的气象资料；后者每颗卫星能对地球表面 1/3 以上的地区进行持续监测，可以发现生命史较短的天气系统。自气象卫星于 1960 年问世以来，天气预报的准确率不断提高，从而减少了台风、飓风等自然灾害造成的损失。

◀◗ 导航卫星

导航卫星

导航卫星是从卫星上连续发射无线电信号对地面、海洋、大气层以及太空中的用户进行导航定位的人造地球卫星，是卫星导航系统的空间部分。

导航卫星的有效载荷是为用户提供导航定位信息设备，包括高稳定度时钟，遥控接收机，导航电文存储器和双频发射机，定向天线等。由若干颗导航卫星构成的导航卫星网具有全球的覆盖能力，可为各类用户提供高精度的定位信息，指明正确的前进方向。例如，美国的全球定位系统（GPS）是目前唯一覆盖全球的卫星导航系统。

卫星导航将传统的无线电导航台从地面搬上太空，由固定变成移动，开辟了无线电导航的新途径。导航卫星在太空的运动是有规律的，其轨道位置和速度都可以预先确定。在用卫星进行导航时，可根据预报的卫星位置以及用户接收到的卫星发送的导航信息求出用户相对于卫星的位置，然后再通过综合计算就能够得到用户所在的实际地理位置、运动速度和定位时间。

❏▶ 地球资源卫星

　　人造卫星诞生之前，人们对卫星应用只是一些设想，而今这些设想逐渐变成了现实，并且在现实中发挥着不可替代的作用。比如，地球资源卫星就是其中一种。随着人类社会的发展，人类对自然资源的需求量与日俱增。但有些资源还沉睡在人迹未至的深山密林、茫茫沙漠和浩瀚大洋之中。而用人造卫星去勘测这些资源就是一种行之有效的方法。因为，地球资源卫星离地面高度一般是 1000 千米左右，居高临下，视野开阔。另外，用卫星勘测地球上的资源，无论是原始森林，还是海洋、沙漠，都尽收眼底，不受地理条件和国界限制。并且，地球资源卫星可以连续工作，测量迅速，有其他勘测手段所无法相比的优势。

　　1972 年 7 月美国发射了第一颗实验型的"地球资源卫星 1 号"，后改为"陆地 1 号"。这颗卫星进入轨道工作后，获得了许多重要的资料，发现了许多重要资源。由于地球资源卫星作用巨大，目前，世界上很多国家都发射了此种卫星，使人类能更好地利用自然资源。

❏▶ 空气带来的麻烦

　　当宇航员乘上飞船，火箭把飞船送到环绕地球飞行的轨道时，在离开地面 400 千米之后，这里基本上没有空气了，空气密度只及地面上的一万分之一。对人来说，这里是致命的环境。好在宇航员在飞船里，有生命保障系统供应空气或氧气，因而安然无恙。但空气或氧气完全要靠出发时带足，飞行时间越长，需要量越多。

　　飞船里面要保持和地面一样的大气压力，外面是真空，内外压差为一个大气压。飞船只要有针眼那么大的一点缝隙，就会像自行车轮胎被扎破那样，空气一下子就漏个精光。所以飞船的结构必须严严实实、密不透风。为了避免由于宇宙中的微流星击穿飞船的外壳而造成危险，要将宇航员的座舱做成双层舱壁，或者宇航员在飞船里面也穿上宇航服。

到空间去"散散步"确实是令人神往的，但是要能安全无恙地飞上太空，确实是一件复杂而又精确的事，就连空气也会给载人宇宙航行带来麻烦。

◤ 人类的 "空中驿站"

1971 年 4 月 19 日人类第一个空间站"礼炮 1 号"腾空而起，拉开了人类航天事业进入空间站时代的序幕。

什么是空间站？它实际上是一种可以住人的大型人造地球卫星。所以有人称它为围绕地球旋转的人类的"空中驿站"。在这所人造的太空天体内除了人造卫星常有的各种仪器设备之外，还有一系列满足人们饮食起居的生活设施，所以也可以满足人们在里面从事各种科学实验，由此可见空间站投入相当高。但是，空间站的作用是任何航天器都无法与之相比的。空间站比一般航天器的规模大、容积宽阔，空间站的配置能满足人类的各种需求。更重要的是它的寿命长，这是一个突出特点。宇航员可以在上面长期生活和工作，空间站的内部条件犹如地面。由于空间站在太空运行中进行了大量科学实验，取得了多方面的科研成果和经济、技术、军事效益，所以引起了科学家的高度重视。

◤ 人类未来的理想家园

太阳的寿命到今天已经有近 50 亿年了，据科学家研究和推测，再过 60 亿~70 亿年，太阳将走向死亡，并将它的卫星——水星、金星和地球吞噬掉。届时居住在地球上的所有生命将不复存在。同时，科学家也预言，人类将有自己的新家园，就是土星的卫星——泰坦。

如今的泰坦，科学家只是大致的了解，那里表面温度为 − 143℃ 的低温，根本无法让生命生存，暗红色的大气层主要是由氮气组成的，挡住了 90% 的太阳光，此外大气层中还有 2%～10% 的甲烷气。科学家预言 60 亿年以后，泰坦的气候等各方面环境将发生巨大变化。

太阳发出的光谱发生变化，红外光多，有更多的太阳光到达泰坦的表面，从而被富含甲烷的大气层吸收，使泰坦表面温度升高。当上升到 -62℃ 时，泰坦表面坚冰消融，水会出现。同时，富含有机分子的大气层会产生凝聚降雨，使有机物降到地面为生命产生奠定新的基础，并产生生命活动必需的氨基酸和蛋白质。所以，泰坦为适合生命产生与居住存在提供了某种可能性。

知识小链接

氨　基　酸

氨基酸，是含有氨基和羧基的一类有机化合物的通称。生物功能大分子蛋白质的基本组成单位，是构成动物营养所需蛋白质的基本物质。是含有一个碱性氨基和一个酸性羧基的有机化合物。

👁 航天史上的宏伟工程——国际空间站

1998 年 11 月 20 日，美国、俄罗斯、加拿大、日本和欧洲空间局 12 个成员国组成的 16 国"曙光"号国际空间站首次发射成功，这标志着人类和平开发太空的开始。"曙光"号国际空间站是人类有史以来规模宏大也很先进的载人飞行器，耗资 400 亿美元，于 1998 年 11 月 20 日莫斯科时间 9 时 40 分在哈萨克斯坦北部拜科努尔航天发射场发射。9 时 40 分，一声巨响，巨大的运载火箭喷着棕红色的火焰和浓烟拔地而起。40 秒钟后，火箭消失在浓密的乌云之中。9 分 48 秒后，人们从屏幕上看到，"曙光"号功能货舱已在 200 千米的高空成功地与运载火箭分离，并顺利进入轨道。美国航天局发言人凯尔·海宁宣布："运载火箭已经脱离，'曙光'号现在得靠自己了。"

火箭把该舱送至远地点 185 千米、近地点 150 千米的初级轨道上。"曙光"号的发射成功，标志着人类太空领域最大规模的科技合作项目进入实际装配阶段；意味着人类在探索、开发太空道路上又向前迈出了一大步。

 太空晕动症

人在太空飞行时处于失重状态。在失重状态下面临的第一个问题就是太空晕动症。每两位宇航员中就有一位患此病，表现为面色苍白、出冷汗、呕吐，像晕船一样。因此在太空飞行之前首先要对宇航员进行眩晕适应能力的检查。这种检查绝不像一般人所想象的那么简单，因为在地面上即使经过严格训练，被认为是完全不会眩晕的宇航员，当他在太空"飞"起来时，立刻就会出现晕动症。因此，学者们认为这种太空晕动症与晕车晕船的机制有所不同。

目前太空晕动症的机制还不完全清楚，比较有根据的是感觉紊乱学说。概括地说，就是人的姿势要靠大脑综合位于内耳的前庭器官以及由眼睛、皮肤、肌肉、关节而来的信息来保持，其中前庭器官中的平衡砂最重要，而在失重状态下，原来能够感受重力的平衡砂出现异常，因而与位置有关的信息便不能在大脑进行综合，所以引起紊乱。太空晕动症不是什么重病，5天后身体适应了症状就会消失。

你知道吗

什么是运动病

运动病又称晕动病，是晕车、晕船、晕机等的总称。它是指乘坐交通工具时，人体内耳前庭平衡感受器受到过度运动刺激，前庭器官产生过量生物电，影响神经中枢而出现的出冷汗、恶心、呕吐、头晕等症状群。

☞ 空间实验室

1983 年 11 月 28 日是美国航天飞机第九次起飞的日子。这次起飞意义非同寻常。因为此次装载的正是欧洲空间局耗资近 10 亿美元，历经 10 余年研制成功的大型组合式空间站——"空间实验室 1 号"。在这次历时 10 天的飞行中，科学家共进行了 70 余项有意义的实验和探测，取得了包括天文、等离子体物理、大气物理、地球观测、材料研究和生命科学在内的许多学科的研究成果。

如在航天飞行中，植物的生长会受到昼夜节律变化和失重的影响，在"空间实验室"中，昼夜持续时间短、交替快，每 24 小时循环 15～16 次，打乱了对于植物生长、开花、结果有决定作用的昼夜规律。失重破坏了植物根的向地生长和茎的背地生长的习性，使植物的生长无所适从，表现得杂乱无章。"空间实验室"里种植了多种植物，科学家用摄影机连续拍摄其生长过程，研究昼夜节律变化和失重的影响，分析植物生长异常的机制。建立"空间实验室"是人类航天事业的又一飞跃。

☞ 宇航员在太空中的日常生活

为了开发星际空间，人类必须学会在宇宙环境中生活。因为空间宇航员毕竟也是地球上的人，他们的日常生活诸如吃、喝、睡、运动、洗浴等也必须进行。但是，他们在太空中进行这些事的方式却很特别。例如，早起梳洗就很有趣。宇航员用电动剃须刀刮胡子就很有讲究。他们的剃须刀附有一个专门用来吸刮下来胡子的小匣子。他们咀嚼特制的橡皮糖来代替刷牙，用浸泡有护肤

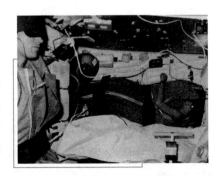

太空生活

液的湿巾擦脸，把湿巾铺在按摩刷上用来梳头，经过梳理，头就会变得十分干净。宇航员每星期要进行一次大扫除：吸尘，更换通风机的过滤器，用潮湿的布巾铺座舱壁。空闲时，他们看录像，听立体声音乐。为了使宇航员不致过分寂寞，运输飞船经常给他们带来各种录音带，有公鸡的啼鸣声，牛的哞哞叫声，淙淙的流水声等。宇航员还通过录像机经常同家人、朋友会面。广播电台则为他们播送专门录制的节目和音乐会，他们还可以看书、下棋等。

◗ 代达罗斯计划

星际旅行已不是什么幻想了。科学家们已着手制订了各种可行性方案。其中较新颖、较详细的飞船计划要算是英国星际航行协会的代达罗斯计划。该计划的目标是向 6 光年以外的巴纳德星发射一个名为"代达罗斯"号的探测器，并用 50 年时间到达那里。

"代达罗斯"号飞船

"代达罗斯"号采用强大的核聚变推进器，用激光或电子束引爆，每秒钟进行核聚变250 次。几年后，核燃料全部耗尽时，飞船的速度可达到 12% ~20% 的光速。然后，把燃料箱全部丢掉，轻装前进。50 年后，飞船可到达距离地球 6 光年的巴纳德星。该飞船的头部装有一块巨大的平板，以防护外来物的撞击。其实，一块 1 克重的外来物就能把飞船击毁。为此，科学家们又设计了一种被称为"尘粒报警器"的装置，向飞船正前方约 200 千米外喷射出一股尘雾可以使重达半吨的外来物汽化而消失。为了保持与地球的来往，在飞船上必须装备一架能自动进行决断的电子装置。在离目的地只有几年的时间时，电子计算机就会开始检查巴纳德星的情况，并决定出，某时某地向太空发射 20 个探测仪器，环绕该星飞行并给地球发回数据，然后，飞船再继续远行。

◉▶ 宇航员的工作

在太空的失重状态下，宇航员的工作是复杂而繁重的，在轨道站外穿着宇航服工作尤其消耗体力。宇航服内的压力为 0.4 个大气压，外面却是真空，宇航员的腿每迈一步或手臂弯曲一下，都要付出很大的气力。更何况他们还要戴着类似冰球守门员戴的大手套去握工具。例如，在轨道站外安装太阳能电池帆板这项工作要完成大约 50 个动作。这项工作完成之后，宇航员的体重要减轻 3 ~ 4 千克。为了保持良好的身体状况和精神状态，宇航员在轨道站上经常锻炼身体。他们在单杠上做引体向上练习，或者做其他项目的运动，每天要坚持走 2 ~ 2.5 小时，直到大汗淋漓。体育运动后，宇航员用浸透了热水的吸湿巾擦身。宇航员每隔 10 天洗一次淋浴。淋浴时，在轨道上固有一双橡皮拖鞋，宇航员把鞋套在腿上，身子就不会飘浮起来。15 分钟后，擦干身子，同时也擦干淋浴筒壁，然后再把它升回到天花板里。

知识小链接

宇 航 服

宇航服是高科技产品，它像密封座舱那样，具有能保障航天员生命的一切功能。它是密封的，里面充气，形成一定的气压，使航天员免受体外负压的伤害。它有供氧设备，以维持航天员的正常生命活动。它可以散热和保暖，使内部的温度保持在一定的范围内，使航天员免遭太空极端低温的伤害。

◉▶ 给火星照相的 "水手" 号

天文学家对光辉的火星充满了幻想，他们认为火星上面应该存在着智慧生物。为了揭开这颗红色星球的奥秘，美国先后发射了一系列飞往火星的航天探测器，它们统称为"水手"号。"水手 3 号"是于 1964 年 11 月 5 日发射的第一个火星探测器，它重 260.8 千克，宽 6.7 米，看上去就像是一个飞行的风车。它的金属外壳呈八边形，有 4 个动力太阳能板，一个接收地球的无线电指令信号的天线，一个向地球发送数据的发射器以及指引航向的小型冷气火箭。而"水手"号最重的部件是电视摄像机，它就像人类近距离看清火星的眼睛。"水手 3 号"因太阳能电池板不能展开而无法正常工作。但 1964 年 12 月 28 日，它的孪生兄弟"水手 4 号"却发射成功并且胜利到达了火星。当"水手 4 号"在约 9846 千米处擦过火星时，它拍下了 22 张照片。然而，它毕竟只拍了火星表面的一块地方。于是在 5 年后即 1969 年又相继成功发射了"水手 6 号"和"水手 7 号"。这 2 个探测器掠过距火星约 4023 千米的地方，拍下了火星南半球的 200 多张照片。而"水手 10 号"则用无线电向地球发回了火星表面的第一批近距离照片。但是，仍无法确定火星上是否存在过生命。

宇航员如何在火星上生活

冻土层及其分类

冻土层，也叫冻原或苔原。在自然地理学上指的是由于气温低、生长季节短，而无法长出树木的环境；在地质学上是指 0℃ 以下，并含有冰的各种岩石和土壤。一般可分为短时冻土（数小时、数日以至半月）、季节冻土（半月至数月）以及多年冻土（数年至数万年以上）。冻土层处于水的结冰点以下超过 2 年的状况，称为永久冻土。

欧洲空间局与俄罗斯生物医学研究所合作开展了一项有人参与的模拟火星飞行任务。这个任务的目的是让宇航员可以在不久的将来真正踏足火星。那么来自地球的宇宙飞船降落在火星的表面会怎么样呢？宇航员如何在荒无人烟的地方生存下来呢？根据不同性质的任务，宇航员将在火星驻留一个月到一年不等。火星上将建立一个永久性的人类基地。第一批访问火星的客人需要带上帐篷、氧气、食物和水。他们要临时住在由飞船改建的简陋的帐篷中。最后将有一批新的客人替换他们或者加入他们的行列，然后开始新的艰苦的工作，搭建永久性房屋，建立并维持水、食品和空气的供应。火星上的永久冻土层也许可以提供水源，那样就可以大量地建立自给自足的带有食品供应基地的居民点。由于不断得到飞船的货物供给，这些居民点会成为一座城市。如果他们能坚持下去，终有一天会有一个新生儿在此出生——第一个真正的火星人。科学家认为，火星之旅是人类迈向太阳系的第一步。将来有一天，火星会成为人类的家园的。

◑▶别具风味的太空食品

随着科技的高速发展，人类准备开发和利用地球之外的其他星球。除月球可供选择外，火星及其卫星也是理想之所。火星具有适合人类开发的表面环境，丰富的资源，而且距离地球相对较近。

也许，用不了二十年，宇航员就将登上火星，他们在火星上吃什么呢?和在地球上的饮食习惯一样，宇航员的太空食品主要是鸡蛋、蔬菜、肉类、水果等。但是有一点和我们不同，那就是宇航员的太空食品必须是完全脱水食品，它们既让宇航员吃得方便，又营养丰富。此外，为了满足未来的太空生活，宇航员正在尝试开发太空食品。他们计划在太空中种植小麦，在太空中用微波炉煮食。

知识小链接

微 波 炉

微波炉，是一种用微波加热食品的现代化烹调灶具。微波是一种电磁波。微波炉由电源、磁控管、控制电路和烹调腔等部分组成。电源向磁控管提供大约4000伏高压，磁控管在电源带动下，连续产生微波，再经过波导系统，耦合到烹调腔内。在烹调腔的进口处附近，有一个可旋转的搅拌器，因为搅拌器是风扇状的金属，旋转起来以后对微波具有各个方向的反射，所以能够把微波能量均匀地分布在烹调腔内，从而加热食物。微波炉的功率范围一般为500～1000瓦。

宇航员在太空中失重的情况下进食是非常有趣的，食品没有重力，不会往下掉，飘浮在空中，宇航员必须防止食品四处飘浮，才能吃到它们。

☛ 宇宙天气预报

不久的将来，人们将会听到这样的宇宙天气预报——"现在报告 2020 年 X 月 X 日 X 时至 X 时的宇宙天气预报，由于太阳活动逐步加强，在太阳表面的某区域形成了一个活动中心。7 级以上的大耀斑发生概率为 7%，预计将会放射出强大的 X 射线和高能粒子流，这段时间内，请中止一切飞船的船外活动和月面的室外活动……"

21 世纪人们到太空活动增多，飞行于太空的载人飞船，会受到高能粒子雨、等离子太阳风和磁暴的袭击。据测算，宇宙飞船壁的保护作用仅为大气的 1%，宇航服的保护作用则不到大气层保护作用的 1‰。宇宙线不仅能破坏人体细胞，且易致皮肤癌，还会对飞船的仪器造成极大的破坏。科学家通过地球上和人造卫星上的观察网络收集各种数据，对太阳天气活动，太阳表面磁场变化，用计算机进行分析，把太阳活动和宇宙环境的变化预测出来。在 21 世纪的宇宙活动中，宇宙天气预报是不可缺少的。

☛ 在太空中捕捉 "斯巴达" 号卫星

1997 年 11 月 19 日下午，美国航天飞机"哥伦比亚"号徐徐升空，渐渐与蔚蓝神秘的苍穹融为一体。它的任务之一便是放出一颗名为"斯巴达"的卫星。可是问题就出在这颗顽皮的卫星上，它引起了一件赤手空拳摘卫星的惊险事件。

原来，在"哥伦比亚"号飞行途中，"斯巴达"号卫星意外"溜"了出去，如果不把它"抓"回来，不但有危险，而且浪费了大量宝贵时间及资金。于是，"哥伦比亚"号上的宇航员决定"捉星"，以确保此次航天计划的成功。惊险的一幕开始了。两名负责"摘星"的宇航员穿上了笨重的太空服，通过舱门慢慢地飘落到已伸展在门外的工作平台上。两名宇航员所需要的不是蛮力，而是完美的协调和时间上的精确性，他们要在卫星飘过的一刹那将卫星捉住！当"哥伦比亚"号第一次小心翼翼地靠拢到"斯巴达"身边时，"斯巴达"顽皮地"逃"开了。这时已过五个小时了，当飞船第二次靠近卫星时，宇航员"捉"住了它。多么惊险的"太空摘星"！

什么时候可以在地面上看到卫星

卫星在绕地球的轨道上飞行，地面上的人不是在任何地方、任何时候都能看到它的。地面上的人要看到天上飞的卫星，必须具备几个条件。

第一，卫星必须经过观察者的上空。

第二，卫星经过观察者上空的时候必须被太阳光照亮。我们知道，要看到一个东西，要么这个东西自己发光，要么这个东西被别处来的光线照亮。天空中的恒星就属于自己发光的天体。而行星和月亮自己不发光，我们要看到它，只能借助太阳光把它照亮。卫星也是自己不发光的，所以要看到它，它也必须被太阳光照亮，而且卫星本身要有足够的反射面。

第三，卫星经过观察者上空的时候，天空背景必须是黑暗的。如果背景是明亮的白天，天空充满了阳光，尽管卫星也受到太阳光的照射，但是卫星的亮光和强烈的太阳光比起来，差得很远，我们当然就看不见了。所以只有当卫星经过观察者上空时，并且被太阳光照亮，而且正好是在晨曦微露或夜幕初降的短时间里面才能看到它。

机载天文台

天文台的观测室大都建立在高山顶上。这样可以不受低层空气尘埃的影响，而且环境寂静，噪声干扰小。但是，随着天文学观测的发展，为了进一步探知宇宙深处的奥秘，许多新型的更有效的天文台诞生了。其中利用飞机的机载天文台就是其中出色的一种。随着科学技术的发展，科学家除了观测天体发出的可见光之外，还要对看不见的红外光和紫外光等进行观测。但是在观测中发现，来自天体的红外线往往被地球周围的水蒸气吸收，常常影响观测效果。为了选择有利的观测条件，天文学家就想方设法把天文观测室搬上天去。那最理想方便的方法就是借助飞机。这样就可以随时随地飞往世界各地的高空去观测了。例如，1977 年 3 月 10 日夜晚，澳大利亚的一家天文台的一些学者，乘坐一架带了约 70 吨燃油的大型喷气飞机，飞到印度洋上空去观测天王星掩星这一

拓展阅读

世界的第三大洋——印度洋

印度洋为世界的第三大洋。位于亚洲、大洋洲、非洲和南极洲之间。包括属海的面积为 7411.8 万平方千米，不包括属海的面积为 7342.7 万平方千米，约占世界海洋总面积的 20%。包括属海的体积为 28 460.8 万立方千米，不包括属海的体积为 28 434 万立方千米。印度洋的平均深度仅次于太平洋，位居第二。

罕见天象，结果他们与地面上观测的科学家同时发现了天王星周围的环带。这架飞机就是一个专门装置的"空中天文台"。

如何观测日食

我们已经了解到日食是由于太阳、月亮、地球三者在不断运动中，月球遮挡太阳，我们只能看到太阳的一部分或全部看不到的现象。一年中日食可能出现 2～5 次。

在天文学爱好者看来，日食是一个有趣而又宝贵的天文现象。那么如何简单而有效地观测日食呢？最简单的一种方法是不用仪器直接用眼睛观测日食，这是人人可以做到的。但是请你注意，在观测时，必须用一片或几片有

色玻璃挡在眼前再去看太阳，有色玻璃也必须是深色的。因为太阳光线太耀眼了，直接用眼睛看很容易烧伤眼睛。当然，也可以用烟将玻璃熏黑，或者干脆挑选一些已冲洗过的底片，几层叠在一起进行观测，效果也很好。另外一个好办法就是用双筒望远镜进行观测。不过也不能用它直接进行观测，以免烧伤眼睛。怎么办呢？观测前要找一些深色的底片剪成与望远镜物镜一样大的圆片，将几片叠在一起装在望远镜前进行观测。当日食现象出现时，你可以自己动手试着观测一下这种奇妙的现象，一定会很有趣的。

🐟 水下天文台

随着天文观测事业的发展，科学家设计出了种种观测天体、探索宇宙奥秘的天文台。为了提高天文观测精度，天文学家把观测装置设在海洋中5000米的深处，捕捉来自遥远星球的中微子，这就是"水下天文台"了。中微子是一种穿透力强，中途不受任何干扰而径直到达地球的粒子。通过对它的研究，可以取得有关新星和超新星爆发等的资料，因此，天文学家很关注对中

知识小链接

中 微 子

中微子又译为微中子，是轻子的一种，是组成自然界的最基本的粒子之一。中微子不带电，自旋为1/2，质量非常轻（小于电子的百万分之一），以接近光速的速度运动。2011年11月20日，科学家再次证明中微子的速度超越光速。但欧洲核子研究中心表示在中微子速度超越光速这一结论被驳倒或者被证实前，还需要进行更多的实验观察和独立测试才可得出结论。

微子的观测。但是，中微子性情孤僻，即它在旅行途中与其他物质几乎不发生任何反应，因此在实际观测中，中微子就像精灵一样难以捕捉。为了能抓住它的蛛丝马迹，科学家想出了一个好办法，就是把检测器潜入宁静的海洋里。在观测时，研究人员不用亲自潜入海里，那太危险了，而是将观测装置

放入水深 5000 米的海洋里就行了。这项工作是以美国为首，有日本、德国和俄罗斯参加的。这样观测来自天体的物质，真是既精确又方便，有助于人类加深对宇宙的认识。

 现代大型光学望远镜

当"大眼睛"望远镜在帕洛玛山顶密切注视着无尽太空的时候，在夏威夷已有更大的"眼睛"睁开了。这就是耗资 1.3 亿美元的凯克望远镜，它位于美国夏威夷州莫纳克亚山顶峰，海拔 4145 米。我们可以比较一下他们俩到底谁的"眼睛"更大。

凯克望远镜

当初的黑尔望远镜的确令人惊叹不已。它的直径 5 米的大玻璃坯重达 20 吨，仅仅冷却就花了 10 个月时间，整个望远镜的可动部分可达 530 吨。它的威力十分巨大，用肉眼可观测 21 等星。照相可拍到 23.1 等星（亮度相当于 26 万千米外的一支烛光）。然而同凯克望远镜相比，黑尔望远镜只能自叹不如了。凯克望远镜拥有直径 10 米的反射镜，可以接收的光线相当于直径 5 米的黑尔望远镜的 4 倍，而且与黑尔望远镜单一的 5 米镜面不同的是，凯克望远镜反射镜是由 36 块六边形的镜面拼接的，用计算机不断地调整可以使它维持完美的抛物曲面。凯克望远镜曾经是世界最大、性能最佳的光学望远镜。2000 年，欧洲南方天文台在智利建造的大型光学望远镜——甚大望远镜（VLT）已全面完工。该望远镜由 4 台相同的 8.2 米口径望远镜组成，组合的等效口径可达 16 米。它超越了凯克望远镜。

🔾 折射望远镜

　　天文望远镜家族中有一种叫折射望远镜的。伽利略 1609 年使用的第一架望远镜，是由双凸透镜作为物镜和双凹透镜作为目镜组成的一台折射望远镜。

　　1611 年，天文学家开普勒提出望远镜的另一种设计方案，改用两片双凸透镜作为目镜和物镜的折射望远镜。这种望远镜使天体射来的光线，通过物镜和目镜的折射形成像。由于单一的透镜和球面镜，不可能消除像差，所以它的成像质量很差。最初的几架折射望远镜就是这样。差不多经过 100 年的摸索，欧拉在理论上证明了制造消色差物镜的可能性。1750 年，多隆得又制造了第一个消色差物镜，才使得制造供实际观测使用的折射望远镜成为可能。折射望远镜有许多优点：如对透镜的弯曲不敏感，镜筒密封，物镜耐用，而且它的焦距较长，最适合做天体测量工作。当然它也存在着许多缺点，如残余的色差，物镜吸收光，聚光本领小。又由于工业上很难制造巨大的高质量的光学玻璃，所以磨制技术要求高、成本昂贵。

🔾 别具一格的太空望远镜

　　1609 年，伽利略展示了他发明的第一架原始光学望远镜。此后，天文学家们一直在不断地建造更大、更完善的望远镜。但是，自然界中变换的天气情况及一些其他原因，使天体观测并不能满足天文学家的要求。于是，把望远镜送入太空的设想被提了出来，吸引了天文学家。一位名叫赫尔曼·奥伯斯的德国人曾提出用强大的火箭把望远镜送入寂静明晰的太空。美国航天局在 1981 年

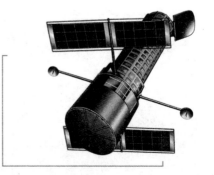

太空望远镜

成立的太空望远镜科学研究所设在约翰·霍普金斯大学，它是哈勃空间望远镜的科学控制中心。哈勃空间望远镜填补了地面观测的缺口，帮助天文学家解决了许多问题。这架望远镜得到的资料，转换为电信号，通过卫星发回地面，计算机再把信号转换成图像。有了这种太空望远镜，就可最清楚地观察类星体，供科学家们详尽考察、观测。

中国古代的天文仪

在中国古代有许多杰出的天文仪器流传于世，至今仍为世人所瞩目。如东汉著名的科学家张衡的"水运浑象仪"。这是一种表述天象的仪器。在浑象仪上安装了齿轮，用漏壶滴水的力量推动了齿轮，齿轮带动浑象仪转动，一天正好转动一周，因为它是用水力推动的仪器，所以叫"水运浑象仪"。浑象仪的用处可大了。有了浑象仪，人坐在屋子里观察浑象仪上的日月星辰的运动，就可以知道，空中日月星辰的运行情况。经过后来许多人对浑象仪的改进和发展，这个仪器成为世界上最早的天文钟。再如被认为是"欧洲中世纪天文钟的直接祖先"的水运仪象台，也是中国古代著名的天文仪器。水运仪象台是北宋时期苏颂、韩公廉等人创制的。如果你想亲眼看一下，可以到中国历史博物馆看看它的样子。它高约12米，长宽各约7米。此仪器将浑仪、浑象、圭表和报时装置集于一身。仪器共分3层，下层有报时装置和动力机构，中层是间密室，放置浑象，上层是个板屋，放着浑仪和圭表，此层顶板可摘除。它是近代天文台活动图顶的先驱。

知识小链接

张 衡

张衡（78—139），字平子，汉族，南阳西鄂（今河南南阳市石桥镇）人，我国东汉时期伟大的天文学家、数学家、发明家、地理学家、制图学家、文学家，在汉朝官至尚书，为我国天文学、机械技术、地震学的发展作出了不可磨灭的贡献。由于他的贡献突出，联合国天文组织曾将太阳系中的1802号小行星命名为"张衡星"。

◑▶ 红色滤光镜——色球镜

在日全食时，月面遮住太阳光球层，于是太阳边缘上露出粉红色的一层，这就是色球层。色球层是太阳大气中十分活跃的一层，有时出现日珥和谱斑现象以及耀斑现象。许多年来，人们发明出了很多惊人的仪器，如日冕仪等来观测太阳的色球中的某些现象，但为了能在平时也看见色球，科学家为此下了许多功夫。太阳的艳红色色球，在不发生日全食时是看不见的。于是科学家就想研究出一个平时可以观测色球的方法。一开始是利用彩色玻璃——滤光镜来进行尝试。但这种滤光镜只适于观测行星，而由于太阳光太强了，要制造一种只透色球的光的玻璃，在当时是根本办不到的。经过长时间的研究，安装在天文望远镜上的"色球镜"终于问世了。太阳光球的光在透过"红色滤光镜"——"色球镜"的时候，完全消失了，只剩下色球的艳红色光。假如你用戴着"色球镜"的太阳望远镜看太阳，会发现太阳是红色的，周围毛茸茸的，有无数日珥和小火苗。你会发现它和我们肉眼所见的太阳并不完全是一回事。

◑▶ 日冕仪

天文学家们在对比每次所拍的日全食照片时，发现每一次日全食时，日冕的形状都有变化。当太阳上黑子少的时候，日冕在太阳赤道附近伸得很长，在两极处，日冕则像浓浓的毛笔尖，因此整个日冕就变得像只蝴蝶。当太阳上黑子很多的时候，日冕就变得很大，像个宽大而光彩夺目的光圈，从四周围绕着太阳。此外，天文学家还确定了在从月球后露出艳红色突出物——日珥的地方，日冕的光射得最远。那么日冕是如何随着太阳上发生的那些现象变化的呢？要想研究这个问题，必须要对日冕进行长时间的监测，但是一人的一生中只能出现十几次日全食，而每一次日全食的时间一般只持续两三分钟，这对于科学家来说观测的时间太短了。但是人类最终用智慧克服了这个难题。

在 1930 年，法国天文学家李奥发明了日冕仪，这个仪器使人们在阳光普照时也能对日冕产生的光线进行观测，于是，科学家再也不用为在短暂的日全食时看不够日冕而发愁了。

▶ 太阳望远镜

太阳光不仅很亮，而且很热。如果仅以裸眼观测太阳，是不行的。有一个人曾试验不对眼睛作任何保护而观测太阳，结果是他只用天文望远镜对太阳看了一眼，眼睛就被烧坏了。

为了观测太阳，经过长时间的研究，天文学家们制造了一种专门观测太阳用的天文望远镜。这是一种非常独特的仪器。它的外表像一所灰色屋顶的房子，周围是绿色的草地，门前有花坛。然后是台阶、门，走进门里，你也许首先进入了客厅，铺着小地毯，右边是一些小储藏室般的屋子，但这不是普通的小房子，而是一架天文望远镜。这种望远镜建筑物坐北朝南，有几十米长，朝南的墙上有一个圆洞，左边是一扇门，它通入一间有石板地的屋子，那里面立着两面大圆镜子，镜子上套着金属套。一面镜子是主镜，另一面是副镜。天文学家工作时要非常小心，主镜是非常敏感的，极小的一滴唾沫掉在镜子上，也可能把它弄坏。放镜子的建筑物的墙壁下面要有小轮子。在观察时，把墙壁和屋顶都推到一边去，于是镜子就在露天里了。

▶ 令人称奇的天文图

宋元时期，我国科学技术高度发展，硕果累累。我们的祖先向世界奉献出了许多传世杰作。其中有关天文方面的石刻天文图则是其中不朽的一个。北宋年间出现了一个杰出的科学家叫郭守敬，他博学多才，编成的《授时历》比现行公历确立早 300 年。而另一位杰出人物黄裳则按北宋的一次实测恒星位置的资料刻成了一幅图。1247 年王致远按图制成石碑（因为此碑原存放在苏州文庙内，现放置于苏州博物馆中，因得名苏州石刻天文图）。苏州石刻天文图碑高 2.16 米，宽 1.06 米。它的上半部为圆形的全天星图，下半部有介绍天文知识的文字。图中刻有恒星 1400 多颗，在现在看来只是一个小数字，但在当时不知花费了科学家们多少心血才准确地测定了它们的位置。而且，更妙的是，此星图以天球北极为圆心绘制了 3 个同心圆。有 28 处与 3 个同心圆正交的辐射线，分别通过二十八宿的距星，还有银河带斜贯整个星图。我们祖先真是太聪明了。

知识小链接

郭 守 敬

　　郭守敬（1231—1316），中国元朝的天文学家、数学家、水利专家和仪器制造专家。字若思，汉族，顺德邢台（今河北邢台）人。郭守敬曾担任都水监，负责修治元大都至通州的运河。1276 年郭守敬修订新历法，经 4 年时间制订出《授时历》，通行 360 多年，是当时世界上很先进的一种历法。1981 年，为纪念郭守敬诞辰 750 周年，国际天文学会以他的名字为月球上的一座环形山命名。

◉ 古往今来的宇宙学说

◎ "盖天说"

　　"盖天说"是我国古代最早的宇宙结构学说。这一学说认为，天是圆形的，像一把张开的大伞覆盖在地上；地是方形的，像一个棋盘，日月星辰则像爬虫一样过往天空。因此这一学说又被称为"天圆地方说"。

　　"天圆地方说"虽然符合当时人们粗浅的观察常识，但实际上却很难自圆其说。比如方形的地和圆形的天怎样连接起来，就是一个问题。于是，"天圆地方说"又被修改为：天并不与地相接，而是像一把大伞高悬在大地上空，中间有绳子缚住它的枢纽，四周还有八根柱子支撑着。但是，这八根柱子撑在什么地方呢？天盖的伞柄插在哪里？扯着大帐篷的绳子又拴在哪里？这些也都是"天圆地方说"所无法回答的。

到了战国末期，新的"盖天说"诞生了。新"盖天说"认为，天像覆盖着的斗笠，地像覆盖着的盘子，天和地并不相交，天地之间相距八万里。盘子的最高点便是北极。太阳围绕北极旋转，太阳落下并不是落到地下面，而是到了我们看不见的地方，就像一个人举着火把跑远了，我们就看不到了一样。新"盖天说"不仅在认识上比"天圆地方说"前进了一大步，而且对古代数学和天文学的发展产生了重要的影响。

在新"盖天说"中，有一套很有趣的天高地远的数字和一张说明太阳运行规律的示意图——七衡六间图。古代许多圭表都是高八尺，这和新"盖天说"中的天地相距八万里有直接关系。

"盖天说"是一种原始的宇宙认识论，不能正确地解释很多宇宙现象，同时本身又存在许多漏洞。到了唐代，天文学家通过精确的测量，彻底否定了"盖天说"中"日影千里差一寸"的说法后，"盖天说"就无从立脚了。

◎ "浑天说"

日月星辰东升西落，它们从哪里来，又到哪里去了呢？日月在东升以前和西落以后究竟停留在什么地方？这些问题一直使古人困惑不解。直到东汉时，著名的天文学家张衡提出了完整的"浑天说"思想，才使人们对这个问题的认识前进了一大步。

"浑天说"认为，天和地的关系就像鸡蛋中蛋白和蛋黄的关系一样，地被天包在当中。"浑天说"中天的形状，不像"盖天说"所说的那样是半球形的，而是一个南北短、东西长的椭圆球。大地也是一个球，这个球浮在水上，回旋漂荡；后来又有人认为地球是浮于气上的。不管怎么说，"浑天说"包含着朴素的"地动说"的萌芽。

用"浑天说"来说明日月星辰的运行出没是相当简洁而自然的。"浑天说"认为，日月星辰都附着在天球上。白天，太阳升到我们面对的这边来，星星落到地球的背面去；到了夜晚，太阳落到地球的背面去，星星升上来。

如此周而复始，便有了星辰日月的出没。

"浑天说"把地球当作宇宙的中心，这一点与盛行于欧洲古代的"地心说"不谋而合。不过，"浑天说"虽然认为日月星辰都附在一个坚固的天球上，但并不认为天球之外就一无所有了，而是说那里是未知的世界。这是"浑天说"比地心说高明的地方。

"浑天说"提出后，并未能立即取代"盖天说"，而是两家各执一端，争论不休。但是，在宇宙结构的认识上，"浑天说"显然要比"盖天说"进步得多，能更好地解释许多天象。

另一方面，"浑天说"手中有两大法宝：一是当时最先进的观天仪——浑天仪，借助它，"浑天说"学家可以用精确的观测事实来论证"浑天说"。在中国古代，依据这些观测事实而制定的历法具有相当的精确度，这是"盖天说"所无法比拟的。另一大法宝就是浑象，利用它可以形象地演示天体的运行，使人们不得不折服于"浑天说"的卓越思想，因此，"浑天说"逐渐取得了优势地位。到了唐代，天文学家通过大地测量彻底否定了"盖天说"，使"浑天说"在中国古代天文学领域称雄了上千年。

◎ "宣夜说"

"宣夜说"是我国历史上最有卓见的宇宙无限论思想之一。它最早出现于战国时期，到汉代则已被明确提出。"宣夜"是说天文学家们观测星辰常常喧闹到半夜还不睡觉。据此推想，"宣夜说"是天文学家们在对星辰日月的辛勤观察中得出的。

不论是中国古代的"盖天说"、"浑天说"，还是西方古代的"地心说"，乃至哥白尼的"日心说"，无不把天看作一个坚硬的球壳，星星都固定在这个球壳上。"宣夜说"却否定这种看法，认为宇宙是无限的，宇宙中充满着气体，所有天体都在气体中飘浮运动。星辰日月的运动规律是由它们各自的特性所决定的，绝没有坚硬的天球或是什么本轮、均轮来束缚它们。"宣夜说"打破了固体天球的观念，这在古代众多的宇宙学说中是非常难得的。这种宇宙无限的思想出现于两千多年前，是非常可贵的。

另一方面，"宣夜说"创造了天体飘浮于气体中的理论，并且在它的进一步发展中认为连天体自身、包括遥远的恒星和银河都是由气体组成的。这种十分令人惊异的思想，竟和现代天文学的许多结论相一致。

"宣夜说"不仅认为宇宙在空间上是无边无际的，而且还进一步提出宇宙在时间上也是无始无终的、无限的思想。它在人类认识史上写下了光辉的一页。

◎ "地心说"

"地心说"是长期盛行于古代欧洲的宇宙学说。它最初由古希腊学者欧多克斯提出，后经亚里士多德、托勒密进一步发展而逐渐建立和完善起来。

托勒密认为，地球处于宇宙中心静止不动。从地球向外，依次有月球、水星、金星、太阳、火星、木星和土星，在各自的圆轨道上绕地球运转。其中，行星的运动要比太阳、月球复杂些：行星在本轮上运动，而本轮又沿均轮绕地运行。在太阳、月球、行星之外，是镶嵌着所有恒星的天球——恒星天。再外面，是推动天体运动的原动天。

知识小链接

克罗狄斯·托勒密

克罗狄斯·托勒密（约90—168），古希腊天文学家、地理学家和光学家。托勒密总结了希腊古天文学的成就，写成《天文学大成》十三卷。他编制了星表，说明旋进、折射引起的修正，给出日月食的计算方法等。他利用希腊天文学家们特别是喜帕恰斯食和的大量观测与研究成果，把各种用偏心圆或小轮体系解释天体运动的地心学说给以系统化的论证，所以后人把这种地心体系冠以他的名字，称为托勒密地心体系。

"地心说"是世界上第一个行星体系模型。尽管它把地球当作宇宙中心是错误的，然而它的历史功绩不应抹杀。"地心说"承认地球是"球形"的，并把行星从恒星中区别出来，着眼于探索和揭示行星的运动规律，这标志着人类对宇宙认识的一大进步。"地心说"最重要的成就是运用数学计算行星的运行。托勒密还第一次提出"运行轨道"的概念，设计出了一个本轮——均轮模型。按照这个模型，人们能够对行星的运动进行定量计算，推测行星所在的位置，这是一个了不起的创造。在一定时期里，依据这个模型可以在一定程度上正确地预测天象，因而在生产实践中也起过一定的作用。

"地心说"中的本轮——均轮模型，毕竟是托勒密根据有限的观测资料拼凑出来的，他是通过人为地规定本轮、均轮的大小及行星运行速度，才使这个模型和实测结果取得一致。但是，到了中世纪后期，随着观测仪器的不断改进，行星位置和运动的测量越来越精确，观测到的行星实际位置同这个模型的计算结果的偏差，就逐渐显露出来了。

然而，信奉"地心说"的人们并没有认识到这是由于"地心说"本身的错误造成的，却用增加本轮的办法来补救"地心说"。起初这种办法还能勉强应付，后来小本轮增加到 80 多个，但仍不能满意地计算出行星的准确位置。这不能不使人怀疑"地心说"的正确性了。到了 16 世纪，哥白尼在持"日心地动观"的古希腊先辈和同时代学者的基础上，终于创立了"日心说"。从此，"地心说"便逐渐被淘汰了。

◎ "日心说"

1543 年，波兰天文学家哥白尼在临终时发表了一部具有历史意义的著作——《天体运行论》，完整地提出了"日心说"理论。这个理论体系认为，太阳是行星系统的中心，一切行星都绕太阳旋转。地球也是一颗行星，它一面像陀螺一样自转，一面又和其他行星一样围绕太阳转动。

"日心说"把宇宙的中心从地球挪向太阳，这看上去似乎很简单，实际上却是一项非凡的创举。哥白尼依据大量精确的观测材料，运用当时正在发展中的三角学的成就，分析了行星、太阳、地球之间的关系，计算了行星轨道的相对大小和倾角等，"安排"出一个比较和谐而有秩序的太阳系。这比起已经加到 80 余个圈的"地心说"，不仅在结构上优美和谐得多，而且计算简单。更重要的是，哥白尼的计算与实际观测资料能更好地吻合。因此，"日心说"最终代替了"地心说"。

◎ 骇人听闻的 "大爆炸学说"

1929 年，天文学家哈勃公布了一个震惊科学界的发现。这个发现在很大程度上导致这样的结论：所有的河外星系都在离我们远去。即宇宙在高速地膨胀着。这一发现促使一些天文学家想到：既然宇宙在膨胀，那么就可能有一个膨胀的起点。天文学家勒梅特认为，现在的宇宙是由一个"原始原子"爆炸而成的。这是"大爆炸说"的前身。美国天文学家伽莫夫接受并发展了勒梅特的思想，于1948年正式提出了宇宙起源的"大爆炸学说"。

伽莫夫认为，宇宙最初是一个温度极高、密度极大的、由最基本粒子组成的"原始火球"。根据现代物理学，这个火球必定迅速膨胀，它的演化过程好像一次巨大的爆发。由于迅速膨胀，宇宙密度和温度不断降低，在这个过程中形成了一些化学元素（原子核），然后形成由原子、分子构成的气体物质。气体物质又逐渐凝聚成星云，最后从星云中逐渐产生各种天体，成为现在的宇宙。

在当时的科学界，由于这个学说缺乏有力的观测证据，所以在它刚刚问世时，大部分科学家并未予以普遍的响应。

到了1965年，宇宙背景辐射的发现使"大爆炸说"重见天日。原来，"大爆炸说"曾预言宇宙中还应该到处存在着"原始火球"的"余热"，这种余热应表现为一种四面八方都有的背景辐射。特别令人惊奇的是，伽莫夫预言的"余热"温度竟恰好与宇宙背景辐射的温度相当。另一方面，由于有关的天文学基本数据已被改进，因此根据这个数据推算出来的宇宙膨胀年龄，已从原来的50亿年增到100亿～200亿年，这个年龄与天体演化研究中所发现的最老的天体年龄是吻合的。由于"大爆炸说"比其他宇宙学说能够更多、更好地解释宇宙观测事实，因此愈来愈显示出它的生命力。

现在，大多数天文学家都接受了"大爆炸说"的基本思想，不少过去不能解释的问题正在逐步解决。它是很有影响、很有希望的一种宇宙学说。

◎ "星云说"

太阳系究竟是怎样产生的，这个问题直到现在仍然没有令人完全满意的答案。长期以来，人们为了解决这个问题，曾经提出过许多学说，其中"星云说"是提出最早，也是在当代天文学上最受重视的一种学说。

最初的"星云说"是在18世纪下半叶由德国哲学家康德和法国天文学家

拉普拉斯提出来的。由于他们的学说在内容上大同小异，因而人们一般称之为"康德－拉普拉斯星云说"。他们认为：太阳系是由一块星云收缩形成的，先形成的是太阳，然后剩余的星云物质进一步收缩演化形成行星。

"星云说"出现以前，人们把天体的运动变化看成是上帝发动起来的，称之为"第一次推动"。康德和拉普拉斯的"星云说"，用自然界本身演化的规律性来说明行星运动的一些性质，无疑对这种荒谬的观点是一个有力的打击，也为天文学的发展建立了不朽的功勋。

不过，"星云说"只是初步地说明了太阳系的起源问题，还有许多观测事实难以用它来解释。所以，"星云说"在很长时间里陷入了窘境。直到 20 世纪，随着现代天文学和物理学的发展，恒星演化理论的日趋成熟，"星云说"又焕发出了新的活力。

知识小链接

拉普拉斯

拉普拉斯，法国数学家、天文学家，法国科学院院士。他是天体力学的主要奠基人、天体演化学的创立者之一。他还是分析概率论的创始人。因此可以说他是应用数学的先驱之一。

现代观测事实证明，恒星是由星云形成的。太阳系的形成在宇宙中并不是一个独特的偶然的现象，而是普遍的必然的结果。另外，关于太阳系的许多新发现也有力地支持了"星云说"。

在这样的背景下，现代"星云说"逐渐完善起来了。当然，星云具体是怎样演化的，这一点还有不少分歧的意见。有一种观点认为：形成太阳系的是银河系里的一团密度较大的星云，这块星云绕银河系的中心旋转着，当它通过旋臂时受到压缩，密度增大。达到一定密度时，星云就在自身引力的作用下逐渐收缩。收缩过程中，一方面使星云中央部分内部增温，最后形成原始太阳，当原始太阳中心温度达到 $7 \times 10^6 ℃$ 时，氢聚变为氦的热核反应发生作用，于是，现代太阳便真正诞生了。另一方面，由于星云体积缩小，因而自转加快，离心力增大，逐渐在赤道面附近形成一个星云盘。星云盘上的物质在凝聚和吞并过程中，最后演化为行星和其他小天体。总之，现在人们已能用"星云说"比较详细地描述太阳系的起源过程，但还有很多具体问题未能很好解决，还有待完善和充实。

◖▶ 爱因斯坦的相对论

阿尔伯特·爱因斯坦，美国物理学家，现代物理学的开创者和奠基人之一，相对论——"质能关系"的提出者。1999 年 12 月 26 日，爱因斯坦被美国《时代周刊》评选为"世纪伟人"。

科学巨匠爱因斯坦

爱因斯坦的相对论是关于时空和引力的基本理论，分为狭义相对论（特殊相对论）和广义相对论（一般相对论）。相对论的基本假设是相对性原理，即物理定律与参照系的选择无关。狭义相对论和广义相对论的区别是，前者讨论的是匀速直线运动的参照系之间的物理定律，后者则推广到具有加速度的参照系中，并在等效原理的假设下，广泛应用于引力场中。相对论和量子力学是现代物理学的两大基本支柱。相对论解决了高速运动问题；量子力学解决了微观亚原子条件下的问题。相对论颠覆了人类对宇宙和自然的"常识性"观念，提出了"时间和空间的相对性"、"四维时空"、"弯曲空间"等全新的概念。

狭义相对论最著名的推论是质能公式，它可以用来计算核反应过程中所释放的能量，并促进了原子弹的诞生。而广义相对论所预言的引力透镜和黑洞，也相继被天文观测所证实。1905 年爱因斯坦指出，光速是不变的，而牛顿的绝对时空观念是错误的，不存在绝对静止的参照物，时间测量也是随参照系不同而不同的。他用光速不变和相对性原理提出了洛仑兹变换，创立了狭义相对论。

黑洞是爱因斯坦的广义相对论的最著名的预测之一。它提出了引力场将使时空弯曲。当恒星的体积很大时，它的引力场对时空几乎没什么影响，从恒星表面上某一点发的光可以朝任何方向沿直线射出。而恒星的半径越小，它对周围的时空弯曲作用就越大，朝某些角度发出的光就将沿弯曲空间返回恒星表面。

等恒星的半径小到一特定值（天文学上叫"史瓦西半径"）时，就连垂直表面发射的光都被捕获了。到这时，恒星就变成了黑洞。说它"黑"，是指它就像宇宙中的无底洞，任何物质一旦掉进去，"似乎"就再不能逃出。

当一颗恒星衰老时，它的热核反应已经耗尽了中心的燃料（氢），由中心产生的能量已经不多了。这样，它再也没有足够的力量来承担起外壳的巨大重量。所以在外壳的重压之下，核心开始坍缩，直到最后形成体积小、密度大的星体，重新有能力与压力平衡。

拓展阅读

黑洞热力学

黑洞热力学，或称为黑洞力学，是将热力学的基本定律应用到广义相对论领域中黑洞研究而产生的理论。黑洞热力学的存在强烈地暗示了广义相对论、热力学和量子理论彼此之间深刻而基础的联系。尽管它看上去只是从热力学的最基本原理出发，通过经典和半经典理论描述了热力学定律制约下的黑洞的行为，但它的意义远超出了经典热力学与黑洞的类比这一范畴，而将强引力场中量子现象的本性包含其中。

质量小一些的恒星主要演化成白矮星，质量比较大的恒星则有可能形成中子星。而根据科学家的计算，中子星的总质量不能大于三倍太阳的质量。如果超过了这个值，那么将再没有什么力能与自身重力相抗衡，从而引发另一次大坍缩。物质将不可阻挡地向着中心点进军，直至成为一个体积趋于零、密度趋向无限大的"点"。而当它的半径一旦收缩到一定程度（史瓦西半径），正如我们上面介绍的那样，巨大的引力就使得即使光也无法向外射出，从而切断了恒星与外界的一切联系——"黑洞"诞生了。

◆ 霍金的 "黑洞不黑" 理念

斯蒂芬·威廉·霍金，是 20 世纪享有国际盛誉的伟人之一，出生于 1942 年 1 月 8 日，剑桥大学应用数学及理论物理学教授，当代重要的广义相对论和宇宙论家。20 世纪 70 年代他与彭罗斯一道证明了著名的奇性定理，为此他们共同获得了 1988 年的沃尔夫物理奖。他因此被誉为继爱因斯坦之后世界上最著名的科学思想家和最杰出的理论物理学家之一。他还证明了黑洞的面积定理。霍金的生平是非常有传奇性的，在科学成就上，他是有史以来最杰出的科学家之一。他担任的职务是剑桥大学崇高的教授职务，是皇家学会会员。尽管他坐在轮椅上，他的思想却出色地遨游到广袤的时空，去解开宇宙之谜。

知识小链接

剑桥大学

剑桥大学位于英格兰的剑桥镇，是英国也是全世界最顶尖的大学之一。英国许多著名的科学家、作家、政治家都来自于这所大学。剑桥大学也是诞生最多诺贝尔奖得主的高等学府之一。剑桥大学和牛津大学齐名，为英国的两所最优秀的大学。剑桥大学还是英国的名校联盟"罗素集团"和欧洲的大学联盟"科英布拉集团"的成员。

宇宙论是一门既古老又年轻的学科。从亚里士多德和托勒密的"地心学说"到哥白尼和伽利略的"日心说"的演化就花了 2000 年的时间。令人吃惊的是，尽管人们知道世间的一切都在运动，但是直到 20 世纪 20 年代哈勃发现了红移定律后，宇宙演化的观念才进入人类的意识。哈勃发现，从星系光谱的红移可以推断，越远的星系以越快的速度离开我们而去，这表明整个宇宙处于膨胀的状态。估计在 100 亿~200 亿年前曾经发生过一桩开天辟地的大事件，即宇宙从一个极其密致、极其高热的状态中大爆炸而产生。霍金一生的贡献是：在经典物理的框架里，证明了黑洞和大爆炸奇点的不可避免性，黑洞越变越大；但在量子物理的框架里，他指出，黑洞因辐射而越变越小，大爆炸的奇点不但被量子效应所抹平，而且整个宇宙正是起始于此。

霍金辐射

"黑洞不黑"是霍金的经典宇宙理念，这一伟大成就就来源于一个闪念。在 1970 年 11 月的一个夜晚，霍金在慢慢爬上床时开始思考黑洞的问题。他突然意识到，黑洞应该是有温度的，这样它就会释放辐射。也就是说，黑洞其实并不那么黑。

这一闪念在经过 3 年的思考后形成了完整的理论。1973 年 11 月，霍金正式向世界宣布，黑洞不断地辐射出 X 光、伽马射线等，这就是有名的"霍金辐射"。

天外来客

寻找天外来客始终是一件充满神秘气息的事情。为了与可能存在的外星智慧生命联系，早在 20 世纪 70 年代，地球上的科学家就开始通过发射宇宙探测器来寻找外星人；后来还发送一些包含着编码和图像的信息，试着用各种方法搜寻外星生命。目前探测外星生命的主要方法有：检测陨石发现生命的痕迹，用大型射电望远镜监测来自太空的微波信号以及生物化学实验模拟地球之外的环境，推测生命形式的可能性。此外，借助航天科技的实地探索也在如火如荼的进行中。如果真的有外星生命存在，那么人类迟早会寻找到蛛丝马迹的。

☞ 陨石坑是怎样形成的

　　地球有很长的被撞击史。地面上散布的陨石坑与其他撞击残迹就是一种物证。那地球为什么会被陨星撞击成坑呢?

　　陨星的飞行因撞击地球而急剧终止,释放出大量动能,并转化为高压与炽热。撞击所释放的能量大小,取决于飞行物体的大小和速度。地球大气层在碰撞中起了极大作用:它使陨星裂成碎片,减小每一碎片的质量,或通过摩擦减慢它的速度。如果没有大气保护,地球将积累起20万个直径大于1千米的陨石坑。在简单陨石坑的形成过程中,冲击波压迫岩石,然后膨胀使泥土呈螺旋状反向运动,推动一部分受击岩向上、向外运动。大量物质受到压缩与喷射之后,形成了洞穴。基岩也因而破裂,洞穴内壁崩塌下来,部分充填入洞中。简单陨石坑的形状像一只饭碗,边缘向上拱起。另外,较大陨星的撞击能产生复杂陨石坑,它们非常好识别,因为其中间有一个隆起,好像盆地中的丘陵。

☞ 来自火星的碎片

　　陨石是天体的破裂残片,对一块岩石来说,要从小行星带、奥尔特云或者月球、火星表面闯出来,到达地球轨道所占的那一小部分空间是件困难的事。而要穿过地球大气层存活下来降落到地球的表面上,更是件千辛万苦的事。陨石一般是来自小行星带和彗星的碎片。但是科学家发现,有一些已知陨石太年轻,不可能来自通常的来源。为了解释这些陨石的来历,科学家们需要找到一个具有足够内部热量,直至晚期还在进行活动的天体。那么年岁相当,与地球靠得又近的天体只有一个,那就是火星。有两块陨石,一块是落在尼日利亚的,另一块是在南极被发现的。它们内部含有气泡。通过分析,它们与1996年"海盗"号宇宙飞船所判定的火星大气成分完全吻合。火星陨石怎么会落到地球上来呢? 学者们指出,在这颗行星上有一个特大撞击坑。

他们认为是因为曾经有一颗直径超过 8 千米的小行星以每秒 30 千米以上的速度猛撞火星形成的。而这次撞击使火星表面上抛出大量岩石，岩石离开了它的大气层，进入与地球相交的轨道，于是，我们见到了火星的碎片。

◖◗ 危险的近地天体

你知道吗？对我们的家园造成最大威胁的，是同我们一起共享太阳系内圈空间的短周期彗星、大型流星体与小行星，它们被总称为近地天体，或称 NEO。

近地天体是某些小行星带的小行星在太阳系内圈毁灭之后的残余物。按其运行轨道，它们可分成三类。阿顿族小行星极其靠近太阳，平均距离不足 1 个天文单位。阿波罗族小行星的轨道比地球轨道稍大，与太阳之间的平均距离大于或等于 1 个天文单位。在火星与地球之间运行的埃莫族小行星，近日点距离在 1.017～1.3 个天文单位。近地小行星的轨道极为混乱，有的同地球轨道相交，但绝大多数近地天体在地球附近运转，而不同地球轨道交叉。截至 2004 年 4 月 18 日，已发现 2808 个近地天体。其中包括 49 个近地慧星，217 个阿顿族小行星，1114 个阿莫尔族小行星和 1427 个阿波罗族小行星。这些物体随时都会给地球致命的一击。

◖◗ 著名的陨石

从天上掉到地球上来的星星的碎块，和地球上的石头或铁块相似，因此称它们为陨石。

由于陨石的比重很大，因此它们落下来之后，会把地面砸出一个很深很大的坑，这就是陨石坑。位于美国亚利桑那州北部的科科尼诺县的巴林杰坑（过去曾叫坎场迪亚布罗抗）是世界著名的陨石坑。它于 1891 年被发现，它的直径长达 1280 米，坑最深处有 180 米，边缘比附近地面高出 50 多米。据分析这是在

2 万 ~ 5 万年前发生的。在加拿大赫得森湾东部，人们发现了一个直径为 440 千米的陨石坑。1976 年，在我国吉林的"陨石雨"中，降下一颗重 1770 千克的陨石，命名为"吉林 1 号陨石"。"吉林 1 号陨石"是世界上很著名的石陨石。铁陨石数量较少，只占陨星数量的 6% 左右。但铁陨石较重，著名的铁陨石有非洲的戈巴大陨铁，它重达 60 000 千克，以及格陵兰的"约角 1 号陨铁"，重达 33 000 千克。我国新疆大陨铁重 30 000 千克，也是十分著名的铁陨石。

如何防止外星微生物危害地球

随着太空技术的发展，人类进入太空的次数越来越多，"外星微生物"侵害地球的机会将增大，这就给科学家带来了新的课题。

为了不给地球带来灾难，科学家们展开了对付这种宇宙污染的"宇宙检疫"研究工作。例如从火星上带回地球的土壤和岩石标本，为了安全起见，科学家采用了一系列安全措施。在火星表面就把标本密封入两个特殊的容器里，用爆炸性焊接法把它们焊死；在确保万无一失的情况下，遥控的火星登陆车才会把两个容器放入返回地球的飞船内，并且始终对它们进行监视。如果有迹象表明这两个容器哪怕只有一点点漏气，那么，科学家也会毫不犹豫地让飞船改变航向使之飞向太阳，化为灰烬。如果一切正常，那么飞船降落后，机器人将被派去检查标本，然后将标本关入"火星生物消毒"实验室，由计算机进行分析，直到确保无害为止。

正在向我们靠近的恒星

巴纳德星现今距离我们有 5.96 光年。是除了太阳、半人马座比邻星外，最靠近我们的恒星。而且，这颗星正在"飞奔"，还在继续向我们靠近。巴纳德星在遥远的恒星背景上，在 200 年内，行走的距离要比满月的视直径还长（绝大多数恒星在天球上的运动，时隔几千年都还察觉不出明显的位移）。科学家估计到公元 11800 年，巴纳德星与我们的距离将缩短到 3.75 光年，到那时，将成为离我们最近的恒星（除太阳外），从而取代比邻星的位置。

有趣的是，巴纳德星的行进路径是"波浪起伏"的（而一般的恒星在天球上总是沿着平滑的直线行走的）。它是 1916 年，美国天文家爱德华·巴纳德发现的，也因而得此名。1968 年和 1969 年，另一天文学家认为巴纳德星有一颗或两颗伴星，它们应属于巴纳德星的行星。1979 年，这位天文学家又宣布，巴纳德星确有两颗行星，它们的轨道周期为 11.7 年和 20 年。等到"代达罗斯"号飞船抵达巴纳德星之后，人类对于该星的了解将会大大深入。

➤ 亚利桑那陨石坑

美国亚利桑那州陨石坑宽达 1280 米，深 180 米。这个陨星坑是 20 世纪中期才被指认的。在一开始，由于陨石坑周围只摆着一些铁质残片，而要撞击那么大的坑一定得是大块的陨石，所以早期探坑者把它归为火山喷发造成的。1903 年，巴林格公然向火山成因提出挑战，认为铁质碎片与陨石坑有着紧密联系，但却一直找不到巨大陨石的物证。直到 1975 年，一位叫尤金·休梅克的青年地质毕业生才说服了众多科学家。于是地球上有了第一个得到科学家承认的陨石坑。若干年后，大陨石坑的形成史也逐渐搞清楚了。2 万～5 万年前，一颗直径 60 米的铁质陨石进入了地球大气层。在其爆炸后，较大的几块碎片由于过热而汽化，随之而来的冲击波压缩了基岩，使之变得炽热，并在高压下开始流动。汽化的陨石与大部分基岩从坑穴里爆破出去，使著名的亚利桑那北部岩层向后翘起岩石纷纷落下，从而形成了陨石坑。从撞击开始到陨石坑形成的全部时间不到 1 秒钟。

➤ 一年中天上要掉下多少石头

从天上掉下来的石头叫陨石。一年中会有多少陨石坠落到地球上来呢？地球那么大，还有江河湖海、高山深谷，所以确切数字大概谁也说不清楚。可是，科学家们还是克服了各种困难，较为详尽地测算了陨石的数量。这主要应归功于加拿大天体物理研究所的科学工作者们。他们利用加拿大流星观测网在该国西部的 60 部照相机从 1974～1983 年所拍摄的资料，通过对流星光学鉴定，计算出陨石落地后的重量。测算结果是，重量在 0.1 千克以上的陨石约有 19 000 块；重量在 1 千克以上的约有 830 块。一年中坠落到地球上来的重量在 0.1～1000 千克的陨石有 21.3 吨，而世界上在此时间内能找到的陨石仅仅只有 10～20 块。又根据计算，陨石体闯入大气层中，同空气摩擦燃烧崩裂的结果，坠落到地球后只有陨石原来重量的 90%。所以，每年飞入地球大气层中的重量在 100 克以上的陨石大约有 865 吨。当然，考虑到照相机的结构性能、地理位置及流星在晴朗夜间持续的时间等，测算结果也不是精确的。

神秘的 "飞碟"

近年来，不断有杂志报刊说，世界各处发现天空中有各种球形或圆碟飞行物体，人们根据其形状，就把这些不明飞行物称为"飞碟"。那么它们究竟是什么呢？目击者众说纷纭，有人认为是金星，有人认为是光的幻觉，还有人猜测为其他星球的天外来客。那么，地球之外到底有没有具有高级智慧的生物呢？1982 年，国际天文学联合大会还专门设立了探索地外文明的机构和组织。科学家认为，生命是物质存在的形式。在宇宙中，只要有适宜的条件，必然会发育出生命，并逐渐发展至高级阶段，直到产生像地球人类一样的文明社会。但是，生命现象，文明的产生和发展也有非常苛刻的条件，而且要经过几十亿年的演进过程。据有人悲观地估计，在我们银河系中，能够产生高度文明的只有地球一个；也有人乐观的估计，在银河系中，可能有出现过或将出现文明的星球。但是，对此问题，科学家们还没有找出确切的答案，因此有待于进一步探索、研究。

◑▶ 玛雅人是外星人的后代吗

大约一万年以前，玛雅人生活在美洲大陆的中美洲尤卡坦半岛及墨西哥、危地马拉等地。玛雅文明是美洲大陆很古老的文明，给我们后人留下了许多不解之谜。

玛雅人也有自己的金字塔，同样也给人类留下了许多遐想。他们的金字塔有令人惊骇的天文方位：天狼星的光线，经过墙上的气流通道，可以直射到上层厅堂中木乃伊头部；北极星的光线，通过另一边墙上的通道，可直射到下层厅堂。而且极富天文寓意：塔基呈四方形，共分九层，四面共三百六十四级，再加上塔顶平台，正好三百六十五级，等于一年的天数；九层塔座的阶梯分为十八个部分，正好是玛雅历一年的月数。金字塔又常是天文观测台：一组建筑中，从中心金字塔的观测点往庙宇的东面望去，就恰好是春分秋分的日出方向；往东北方向的庙宇望去，就是夏至的日出方向；往东南方向的庙宇望去，就是冬至日出的方向。真是神奇极了！玛雅人在天文学上有如此高的成就，所以有的人认为玛雅人是太阳后裔，是外星人的后代。

◑▶ 外星人可能被杀死在途中了

我们谈论外星人不知已有多少年历史了，对外星人呼唤不止千百万次了，然而直到今天，我们地球人还没有发现任何外星人。到底外星人是否存在呢？他们为什么不露面呢？

科学家们认为外星人应该存在。他们与地球人没有见面是有原因的。科学家认为外星人和我们人类一样，也在进行着寻找外星生命的行动。他们的星球更加发达，他们已具备更加先进的太空旅行技术。然而外星人在太空中碰到了麻烦，有一种被称为伽马射线的东西就是外星人最大的克星。这种射线对宇宙生命来说是致命的。外星人到达地球之前，就已被这些伽马射线无情地杀死了。

伽马射线是由死恒星碰撞和黑洞释放出来的大量致命射线。这些射线能把太空中的生命全部杀光。直到几亿年前，银河系还经常受到伽马射线爆发的辐射。只是到了最近，这些射线才变稀少起来，银河系才为生活于太空中的生命提供了发展的机会。你不要着急，也许有的外星人已离我们很近了。

🖋 知识小链接

地球上最明亮的伽马射线

伽马射线，即γ射线，又称γ粒子流，是原子核能级跃迁蜕变时释放出的射线，是波长短于0.2埃的电磁波。γ射线有很强的穿透力，工业中可用来探伤或用作流水线的自动控制。γ射线对细胞有杀伤力，医疗上用来治疗肿瘤。2011年英国斯特拉斯克莱德大学研究发明地球上最明亮的伽马射线——比太阳亮1万亿倍。这将开启医学研究的新纪元。

◉ 寻找外星人

在地球之外，是否还有像人一样的高级生灵存在呢？这是科学家一直在研究探寻的问题。为了对地球以外可能有的外星人表示友好，人类在1972年给"宇宙人"发去了"联络卡片"。它是由美国发射的"先驱者10号"宇宙飞船带上太空的。这张卡片是这样设计的：它是一枚15厘米乘以3厘米的镀金铝片，上面刻着表示人类模型的一对男女，宇宙飞船的外形，太阳及八大行星的示意图，并特意标出此飞船的出发地点是地球。这张卡发出后，人类期待着它能够被"宇宙人"发现，并按上面的地址同我们联系。另外，在1974年，人类通过最大的射电望远镜（雷达），向科学家认为有"宇宙人"存在的可能的天区发了许多无线电呼号。它使用的是计算机语言——"0"和"1"，共有1679个数字，它们能形成包括数学、天文、化学、生物等图画。科学家相信，无限广阔的宇宙中应当像地球一样存在着各种生物形态，而且"宇宙人"一定比地球上的人类聪明，所以一旦他们收到人类的呼唤信号，便会轻易地翻译出来，并同我们地球人类联系的。

未解之谜

　　火星上有生命吗？围绕金字塔发生的那些神秘现象是怎么产生的？宇宙的中心在哪里？黑洞中是否会有时空的转换？宇宙大爆炸真有其事吗？哪些星体上可能存在智能生物？到目前为止，关于地球，关于太阳系，甚至在整个宇宙，还有很多人类无法明白的未解之谜。我们先来简单盘点一番。

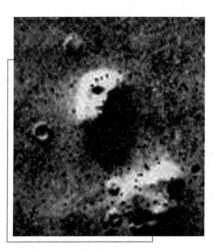 火星人面、金字塔之谜

科学家从 1976 年美国"海盗 1 号"飞船发回圣多利亚山的沙漠地区上空的照片中，清楚地看到，在火星的一座高山上，耸立着一块巨大的五官俱全的人面石像。石像从头顶到下巴足足有 16 千米长，脸的宽度达 14 千米，与埃及狮身人面像——斯芬克斯十分相似。这尊人面石像似仰望苍穹，凝神静思。在人面像对面约 9 千米的地方，还有四座类似金字塔的对称排列的建筑物。这个问题如何解释呢？有的科学家认为"人面像"及"金字塔"是自然侵蚀的结果，是由一些自然物质凑巧地形成的，或者是自然物体在光线影响下及阴影的运动造成的。

火星人面像

但是另一些科学家却不同意这种观点。他们认为这很可能是火星人留下的艺术珍品。他们宣布，用精密仪器对照片进行分析，发现人面石像有非常对称的眼睛，并且还有瞳孔。这符合"对称原理"，即一个物体正因为符合绝对对称人面后才证明其出自人手，而非天然形成的。火星是否存在过生命仍是一个需再进一步探讨的宇宙奥秘。

宇宙的正、反物质模型

关于宇宙演化问题，还有一种令人难以接受的模型，即正、反物质宇宙模型。正、反物质宇宙模型的理论认为，在物质世界之外还存在着一个"反物质世界"。天文学家克莱茵和阿尔芬设想，宇宙中存在着极其稀薄的等离子体，其

中既有正常粒子组成的正物质，也有反粒子组成的反物质，它们数量相等，"完全对称"，称为"双等离子体"。由于密度非常低，正反粒子的"湮没"机会极其稀少。之后，引力收缩，正、反粒子的碰撞机会增多。但由于电磁力的作用，质子和电子向一个区域集中，反质子和正电子向另一个区域集中。正、反质子在交界区域发生湮没，放出大量的能量，造成很大的压力。这么大的压力就像是层屏幕，把二者隔开。所以，现在的宇宙分成为物质区域和反物质区域两大部分。有人认为，现在发现的能量极大的类星体，就在这层幕中。当然，这种模型不能解释背景辐射；另外，对正、反粒子最初为什么不发生湮灭及分开的解释，也都很牵强。因此，这种理论很难使人接受。

🔾 宇宙的稳恒态模型

1948 年，英国天文学家霍伊尔、戈尔德和邦迪三人提出了稳恒态宇宙模型。以作为对从一点膨胀的学说的另一可选择的模型。他们避开在过去某一时刻发生大爆炸的概念，因为这意味着宇宙中所有的物质和能量是瞬间从绝对空无中产生的。他们建议的另一种宇宙是处于恒定状态的宇宙，这就是说，这个宇宙所有时刻看上去基本上是一样的、不变的。当星系退行、产生可观察到的多普勒红移时，微量的、不易探测到的新的物质便去填补出现的空洞。这一原理，又作为产生新星系的种子，因此，宇宙中星系的分布情况本质上保持不变。自从稳恒态模型提出以来，越来越多的观测资料表明宇宙曾经是一个高度致密的火球。因此，三位英国宇宙学者提出的观点今天只有少数人支持。而且，稳恒态宇宙模型有不少难题解决不了，所以，还有待于进一步探讨。

🔖 知识小链接

红　移

红移在物理学和天文学领域，指物体的电磁辐射由于某种原因波长增加的现象，在可见光波段，表现为光谱的谱线朝红端移动了一段距离，即波长变长、频率降低。红移的现象目前多用于天体的移动及规律的预测上。

宇宙中的 X 射线源之谜

　　1962 年，人们发现了银河系中最亮的 X 射线源之一——"天蝎座 X–1"。它是在天蝎座方向发现的第一个这种天体。1960 年，天文学家发现了与这个 X 射线相对应的光学天体，是一颗十三等的蓝色的暗弱天体。这颗星有非常迅速的"闪烁"变化（即在闪光中，会发生短时间内突然光亮耀眼，而后逐渐趋于柔和的现象），辐射能量比太阳 X 射线能量大 1 亿亿倍。1975 年，人们又证实它是个双星系统，其中的伴星是颗白矮星或中子星。

　　X 射线源是指宇宙中发射 X 射线的天体。1970 年，世界上第一颗 X 射线卫星"乌呼鲁"发射成功。从那以后，又发射了专门研究 X 射线的天文卫星，这类天体有的是星，有的却并不是星，所以天文学称它们为"X 射线源"，而不叫"X 射线星"。大多数 X 射线源在银河系内，还有一部分在银河系外。银河系内的 X 射线辐射，有的还来自黑洞。对于"天蝎座 X–1"的全部情况还不甚了解。

月球背面之谜

　　月球是地球的唯一天然卫星。由于月球绕轴自转的周期与绕地球公转的周期相同，都是 27.3 天，所以几十亿年来，它总是以同一面对着地球，人们只能看到月貌的 59%，它的背面形态如何就成为人类文明史上的千古哑谜。直到 1959 年 10 月，前苏联的"月球 3 号"探测器拍到了月球背面的第一批照片，才使人类看到了月球背面的概貌。但是随着观测的深入，今天的月球背面之谜比过去更多、更复杂了。这主要是月球背面与月球正面的显著差异，令人迷惑不解。

　　月球背面与正面的最大差异是它的大陆性。在总共 30 来个月球"海洋"、"湖"、"沼"、"湾"等凹陷结构中，90% 以上都在正面，约占正半球面积的一半。月球背面上完整的"海"只有两个，仅占背半球面积的不足 10%，月球背面其余 90% 多的地方都是山地，山地的分布呈现出几个巨大的同心圆结构，地形严重凹凸不平，起伏悬殊，这种地势是正面所没有的。

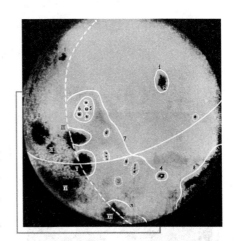

月球背面面积的图片

另一怪事是月球的最长半径和最短半径都在月球背面。一般天文学书上说月球直径 3476 千米或半径 1738 千米，都是指平均值。实际上，月球半径最大处比平均半径长 4 千米，最小处比平均半径短 5 千米，而且都在月球背面。

月球正、背面之差的又一表现是月瘤都集中在正面。月瘤也叫月球质量瘤，是月球表面重力比较大的地方。科学家们估计，在这些地方的月面以下集中着比较多的高密度物质。此外，月球上还有些地方重力分布小于正常值。奇怪的是，月瘤所在的正异常区和重力偏小的反异常区都在正面，而且发现了多处，月球背面上却一处也没有。

为什么会造成月球正面与背面这些显著的差异呢？科学界有种种不同见解。有人认为，当地球运转到太阳与月亮之间，月亮上便发生了日全食（在地球上看却是月食），日全食会形成月球正面巨大温差，一次又一次温度骤变造成了正背面的差别。有人认为，是地球吸引月球而使月球发生像潮水涨落那样的现象，即"固体潮"造成了正背面的差别。但这些解释都不大能令人信服。多数人认为，应该从月球自身的结构和运动来说明月球背面之谜，但是还没有一个好的说明。

木星红斑之谜

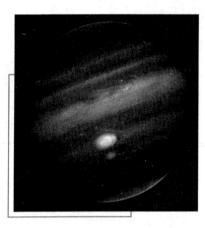

木星红斑

1973 年 12 月，美国宇宙飞船"先锋 10 号"拍下了木星表面的彩色照片。人们发现在木星的南半球有一个色泽鲜艳的橘红斑。这与罗巴特·福克在 1664 年画的木星图中的橘红斑很像，也同 1831 年留下的木星照片一样。这就说明，木星上的橘红斑至少已经存在 300 多年，并且位置也没有太大变动。这个橘红斑究竟是什么？至今还是一个谜。

科学家研究表明，木星大气层的温度低达 –129℃。但是，木星内部的温度却很高。于是有人推测橘红斑是木星内部温度最高的地方。内部的物质形成柱状旋涡，不断向外喷发，柱状旋涡与大气发生作用，形成橘红色物质。但这种说法现在还缺乏证据。还有人设想，橘红斑是木星产生卫星的地方。也有人认为，橘红斑就是带橘红色的一氧化碳的旋涡在木星大气层移动形成的。

木星南半球还有一个巨大的呈椭圆状的白点，有人认为那是由木星表面的飓风形成的云柱，木星是一个狂飙肆虐的地方。也有人设想，橘红斑可能是巨大的风暴，从外面看是一个强大的旋涡，或者是一团沿逆时针方向迅速旋转并猛烈上升的强气旋。气旋中含有红磷化合物，所以呈橘红色。

旋涡星系的旋臂之谜

旋涡星系都有几条美丽动人的"长臂"——旋臂，旋臂上拥挤着密集的星星和气体尘埃。然而，旋臂的存在却令人费解。一般说来，在引力作用下，星系应该是一个扁圆盘，不可能形成旋涡结构。即使暂时出现旋臂，在星系自转过程中，由于靠里面的恒星转动得快，外边的转得慢，星系形成不久旋臂就会缠紧。可是从银河系诞生到现在，太阳已经围绕银河中心旋转了二十多圈，却没有发现旋臂缠紧。这究竟是怎么回事呢？密度波理论能较好地回答这个问题。

旋涡旋臂

　　密度波是一种形象的比喻。假设有一段马路正在翻修，路面上只留了一条窄小的通道，那么这个地方就会显得非常拥挤，尽管汽车还是一辆辆地过去了，但如果从天空中鸟瞰，就好像看到这里一天到晚挤满了车辆。在星系中，旋臂就好像翻修的路段，这个地方恒星比较多，引力强，所以不仅吸引了大量的气体尘埃，而且当恒星通过这里时，都减慢了速度，使这里显得拥挤，远远看去就呈现出旋涡状的结构。事实上，旋臂中的恒星是不断地运动、更替的。

　　密度波只是告诉我们旋涡到底是什么，至于为什么偏偏会形成这样的密度分布，还是一个没有解开的谜。

◤ 黑洞之谜

　　几十年以前，科学家们根据爱因斯坦广义相对论的理论研究，就预言了一种叫"黑洞"的天体。

　　黑洞是一种非常奇怪的天体。它的体积很小，而密度却极大，每立方厘米的质量就有几百亿吨甚至更高。假如从黑洞上取来小米粒那样大小的一块物质，就得用几万艘万吨轮船一齐拖才能拖得动它。如果使太阳变成一个黑洞，那么它的半径就得收缩至不到3000米。

　　因为黑洞的密度大，所以它的引力也特别强大。大家都知道，由于地球的引力，踢出去的足球还会落到地球上。而速度很大的人造卫星，就能够克服地球的引力作用飞到太空去遨游。黑洞的情况和地球可就不太一样了，黑洞的引力极其强大，黑洞内部所有的物质，包括速度最快的光都逃脱不掉黑洞的巨大引力。不仅如此，它还能把周围的光和其他物质吸引过去。黑洞就像一个无底洞，任何东西到了它那儿，就不用再想"爬"出来了。给它们命名为"黑洞"是再形象不过了。

黑洞既然是不能被看见的，那么我们用什么办法来找到它们呢？这就得利用黑洞的巨大引力作用了。如果黑洞是双星系统的一个成员，而另一个成员是可观测恒星，那么由于黑洞的引力作用，恒星运动会发生有规则的变化，从这种变化可以探测出不可见的黑洞的存在。还有，黑洞周围的物质在黑洞强大引力的吸引下，会表现出古怪的运动方式。它们在源源不断地流入黑洞时，会发射出很强的 X 射线、γ 射线等，这是目前寻找黑洞的另一条线索。此外，黑洞还会影响邻近光线的传播，产生所谓的引力透镜现象。当然，所有这些寻找黑洞的工作都不是轻而易举的。

"天鹅 X－1"是个很强的 γ 射线源，它有一颗看不见的伴星，根据"天鹅 X－1"的运动，可以判断这颗伴星的质量约为太阳的十倍，很多人认为它可能是个恒星级的黑洞。天文学家还发现许多星系的核心有剧烈的活动，我们称它们为活动星系核。它们的中心极可能是些巨大的黑洞，在贪婪地吞食周围物质的同时，发射出极巨大的能量。有些人还认为我们银河系的中心也有一个大黑洞，它的质量是太阳的百万倍。

➤ 白洞之谜

从定义上来说，白洞与黑洞是物理学家们根据黑洞在爱因斯坦的广义相对论上所提出的物体。物理学界和天文学界将白洞定义为一种致密物体，其性质与黑洞完全相反。白洞并不是吸收外部物质，而是不断地向外围喷射各种星际物质与宇宙能量，是一种宇宙中的喷射源。简单来说，白洞可以说是时间呈现反转的黑洞，进入黑洞的物质，最后应会从白洞出来，出现在另外一个宇宙。由于具有和"黑"洞完全相反的性质，所以叫"白"洞。它有一个封闭的边界。聚集在白洞内部的物质，只可以向外运动，包括基本粒子和场，而不能向内部运动。因此，白洞可以向外部区域提供物质和能量，但不能吸收外部区域的任何物质和辐射。白洞是一个强引力源，其外部引力性质与黑洞相同。白洞可以把它周围的物质吸积到边界上形成物质层。白洞学说主要用来解释一些高能天体现象。目前天文学家还没有实际找到白洞，白洞还只是个理论上的名词。白洞是理论上通过对黑洞的类比而得到的一个十分"学者化"的理论产物。

白洞学说出现已有一段时间，1970 年捷尔明便提出它们存于类星体剧烈活动的星系中的可能性。相对论和宇宙论学者早已明白此学说的可能性，只是这与一般正统的宇宙观不同，较不易获得承认。某些理论认为，由于宇宙物体的激烈运动，或者星系一部喷出的高能小物体，它们遵守着开普勒轨道运动。这是一种高度理想化的推测，即一个地方有几个白洞，在星系核心互相旋转，偶然喷出满天星斗。喷出的白洞演化成新星系。而从星系团的照片中可观察到一系列的星系由物质连接起来。这显示它们是由一连串剧烈喷射所形成的。

拓展阅读

类星体

类星体是类似恒星天体的简称，又称为似星体、魁霎或类星射电源。类星体距离地球至少 100 亿光年。类星体比星系小很多，但是释放的能量却是星系的千倍以上，类星体的超常亮度使其光能在 100 亿光年以外的距离处被观测到。据推测，在 100 亿年前，类星体比现在数量更多、光度更大。类星体与脉冲星、微波背景辐射和星际有机分子一道并称为 20 世纪 60 年代天文学"四大发现"。

照此来说，白洞可能会像阿米巴原虫一样分裂生殖，由分裂而形成星系。然而这又和目前的理论相违背。

由此看来，就是关于星系生成也有不同见解。有的天文学家便提出并接受宇宙之初便有不均匀物质的结块，而其中便包含了白洞。宇宙向最初奇点收缩，星系、星系群都同一动作，这当然和黑洞的奇点相似。宇宙的不同区域，其密度皆不同，收缩时首先在高密度的地方，达到了黑洞的临界密度，从此消失在事界之后，宇宙不断收缩，使不断出现高密度奇点。宇宙成为大量黑洞及周围物质的集合体。然而事实上，宇宙是膨胀而非收缩的，因此它是白洞而不是黑洞。在宇宙整体性原始的大奇点中存在着密度高的小质点，它们随着膨胀向四面八方扩散，大白洞大量爆发生出小白洞。星系等不均匀物体，正是由它生成的。不均匀物体之所以易和黑洞拉上关系，皆是因为它和膨胀现状相对称的宇宙中局部收缩的过程。目前宇宙中黑洞和白洞的存在是并行不悖的，是过程的两个端点而已。黑洞奇点是物质末期塌缩的终点，白洞物质的奇点是星系的始端。只不过各过程不是同时，而是先后交错的。

科学家们普遍认为，自从大爆炸以来，我们的宇宙在不断膨胀，密度在不断减小。因此，现在正在膨胀着的天体和气体乃至整个宇宙，在200多亿年以前，是被禁锢在一个"点"（流出奇点）上的，原始大爆炸后，开始向外膨胀，当它们冲出"视界"的外面，就成为我们看得见的白洞。

与上述相反的一种观点认为，由于原始大爆炸的不均匀性，一些尚未来得及爆炸的致密核心可能被遗留下来，它们被抛出以后仍具有爆炸的趋势，不过爆炸的时间推迟了，这些推迟爆发的核心——"延迟核"就是白洞。

也有人认为，白洞可能是黑洞"转化"而来。就是说，当黑洞的坍缩到了"极限"，就会经过内部某种矛盾运动质变为膨胀状态——反坍缩爆炸，这时它便由向内积吸能量，转变为从中心向外辐射能量了。

最富吸引力的一种观点认为，像宇宙中有正负粒子一样，宇宙中也一定存在着与黑洞（负洞）相同，而性质相反的白洞（正洞）。它们对应地共生在某个宇宙膨胀泡的泡壁上，分属两个不同的宇宙。

由于我们的宇宙中存在着10万多个黑洞，同样也可能存在着数目相等的白洞。于是，在宇宙继续膨胀过程中，白洞周围一些质量稍许密集区域就变得更加密集；黑洞周围的一些质量稍微稀薄的区域就变得更加空虚。这些大片空虚的区域就是空洞。

到目前为止，"白洞"还只是个理论名词，科学家并未实际发现。在技术上，要发现黑洞，甚至超巨质量黑洞，都比发现白洞要容易得多。也许每一个黑洞都有一个对应的白洞。但我们并不确定是否所有的超巨质量的"洞"都是"黑"洞，也不确定白洞与黑洞是否应成对出现。但就重力的观点来看，在远距离观察时两者的特性则是相同的。

当人们运用很复杂的数学工具来分析这些相关方程式时，他们发现了更多。在这个简单的情形下，时空结构必须具备时间反演对称性，这意味着如果你让时间倒流，所有一切都应该没什么两样。因此如果在未来某个时刻光只能进不能出，那过去一定有个时刻光只能出不能进。这看上去就像是黑洞的反转，因此人们称之为白洞，虽然它只是黑洞在过去的一个延伸。

但在现实中，白洞可能并不存在，因为真实的黑洞要比这个广义相对论的简单解释所描述的要复杂得多。它们并不是在过去就一直存在，而是在某个时间恒星坍塌后所形成的。这就破坏了时间反演对称性，因此如果你顺着倒流的时光往前看，你将看不到这个解释中所描述的白洞，而是看到黑洞变回坍塌中的恒星。

我们知道，由于黑洞拥有极强的引力，能将附近的任何物体一吸而尽，而且只进不出。如果，我们将黑洞当成一个"入口"，那么，应该就有一个只出不进的"出口"，就是所谓的"白洞"。黑洞和白洞间的通路，也有个专有名词，叫"灰道"（即"虫洞"）。虽然白洞尚未被发现，但在科学探索上，最美的事物之一就是许多理论上存在的事物后来真的被人们发现或证实。因此，也许将来有一天，天文学家会真的发现白洞的存在。

▶ 星系核爆发之谜

像银河系这样的旋涡星系和许多巨大的椭圆星系的核心部分，是十分动荡不安的区域。室女座 A 是一个巨型椭圆星系，从它的中心核的照片上看到，有一个发亮的长条从核心部分延伸出去，与红色的中心核相比，显得很蓝，在它的两端还有 2 个小亮点。大量的观测事实表明，这些东西是从星系核中心喷射出来的强大气流，它的速度大约为 2500 千米/秒，长度约 5000 光年。这是星系核剧烈爆发的一个壮景，这种爆发的能量为超新星爆发能量的 1000 万倍以上。

明亮星系核

塞佛特星系是星系核活动剧烈的星系，它的核心经常发生猛烈的爆发。如NGC 415星系的核特别明亮，从这个地方每年约有相当于100个太阳的物质抛射出来，总能量相当于1000亿个太阳发射的光芒。

一些强烈的射电源也是发生过爆发的星系。天文学家认为，天鹅座A两侧的2个发射电波的"眼珠"是其中心部分大爆发的产物，半人马座A的正中央有一条又暗又宽的带子横贯而过，里面是流动的气体，许多恒星正从这些气体中诞生。按理说，椭圆星系内部不存在气体，这里的气体是多次爆发的产物。这从它的4个射电"眼珠"的活动中可得到证实。

大量事实表明，星系中心核的爆发不是特殊现象。事实上，许多星系核都有程度不等的爆发。银河系虽然现在很平静，但在1000万年前中心部分也发生过不很强烈的爆发。遗憾的是，到目前为止，星系核爆发的原因还是一个谜。有些科学家猜测，这种强烈的爆发和大质量的黑洞有关。

宇宙爆炸之谜

目前，有更多的科学家认为，我们现在所看到的宇宙，是由100亿～200亿年之前的一次"宇宙大爆炸"而逐渐演化来的。现在宇宙正在不断地膨胀着，如果它一直膨胀下去，将来会不会再发生大爆炸呢？这个问题引起了人们的极大关注。

宇宙是一个浩瀚无际的物质世界。大爆炸后，宇宙膨胀，星体间离得越来越远，物质密度和温度下降。天体物理学家从理论上发现，宇宙的未来在整体上依赖于把这些正在相互远离的星体拉回到一起的引力的大小，而这个引力的大小又取决于宇宙的平均物质密度。根据计算，如果宇宙的平均物质密度小于或等于 5×10^{-27} 千克/立方米，那么，宇宙就将不断地膨胀下去，最终使我们的银河系好像失群的大雁，孤立地漂泊在寂静的宇宙空间中。如果宇宙的平均密度大于 5×10^{-27} 千克/立方米，那么，宇宙的未来又将呈现另一番景象，即几十亿年后宇宙有可能再发生一次"大爆炸"，使宇宙再度膨胀，正像今天我们所看见的宇宙的样子。这样，宇宙就好像在"膨胀和压缩"之间永无休止地"振荡"下去。也许现在的宇宙已经"振荡"过许多次了。然而，如此茫茫宇宙，目前，还无法准确地测量出宇宙的平均物质密度，从而也就无法知道将来宇宙究竟会不会"大爆炸"。由此可见，这仍然是一个难解之谜。

👁‍🗨 穿越宇宙

目前人类到达的最远地方是月球，月球与地球间的距离是 38 万千米。第一次登月共用了 115 小时 45 分钟，这个速度仅为 9 千米/秒。如果按照第二宇宙速度 11.2 千米/秒计算，那么，到达火星这个近邻就得用近半年的时间，到达海王星需要 13 年，到达冥王星需要 18 年。一个来回得花掉一个人的大半生。

但是宇宙之路并未中断。人类正在满怀希望地探索着穿越宇宙的道路。我们可以先到别的行星，再走出太阳系，一步一个阶梯地前进。

1968 年，美国的青年科学家戴森提出了一个载人恒星飞行的设想。他设想用一艘重 40 万吨的飞船，携带 30 万吨重的氢弹，并逐渐使飞船加速，10 天内到达 10 万千米/秒的速度向太阳系的恒星世界飞去。

按照戴森的这个设计，要实现恒星际飞行还是太困难了。因为以 10 万千米/秒的速度到达半人马座比邻星需要 130 年。

光速是宇宙间一切物质运动速度的极限，那么，要使人类真正亲身到达宇宙的很多地方仍然是不可能的事。

在相对论发展早期，爱因斯坦和彭加勒讨论过超光速粒子——快子的可能性。20 世纪 70 年代，科学界已经产生出一些比较成型的理论，对物质在超光速状态下，质量、时间和长度变换等项特征提出了比较明确的概念。

我们知道，在光速条件下，质量与速度的关系是成正比的。速度愈大，质量就愈大。当速度趋于光速时，质量趋于无穷大。在超光速的情况下恰恰相反，速度愈大，质量愈小。从光速开始当速度逐渐增大时，质量从无穷大逐渐减小，速度增至无穷大，质量减到无穷小。由此可以看出，如果进入超光速飞行，飞的越快，反而耗能越小。如果能够实现超光速飞行，人类就能够穿越200亿光年的宇宙。

▶ 火星上的 "运河"

火星是一颗引人注目的火红色行星，它在自己的轨道上运行，与地球的距离时有变化，因此，它的亮度也在不断变化。由于它荧荧如火，位置不定，亮度有时变化，我们古人称其为"荧惑"，而古罗马人则称其为"玛尔斯"。在研究火星的课题中，最大的悬案是关于"火星运河和火星人"的看法。这恐怕要提到那次历史的误会。1877年，火星2次运行到地球最近点，意大利天文学家斯盖帕里抓住这一时机，绘制了第一幅世界上公认的火星形态图。他注意到火星上有很多细长的"窄条"，这些"窄条"就像河流一样，斯盖帕里称之为"海峡"。他当时使用的是一个意大利词语。而糟糕的是，英美天文学家将其译为英语时则出现了一个严重的错译，把其译为"运河"。于是火星上有运河的说法传遍全球。天文学家还在继续调查核实时，人们已经开始充分发挥自己的想象，认为是"火星人"开凿了运河。于是文学家把"火星人"写入小说。然而，"水手"号和"海盗"号发回的照片，却使传为佳话的"运河"变成了排成队的环形山或大峡谷。至于火星上有没有生命还有待考证。

▶ 星球的生死轮回

太空中千姿百态的点点繁星，都是宇宙大爆炸后的产物。金星和火星、地球都是从太阳形成初期原始太阳星云中同时诞生的。在初期，它们所含物质基本相同，然而当它们走过46亿年历程后的今天，火星变成了冰窟，金星变成了火炉，唯独地球却孕育着生命，为什么呢？

有的科学家认为，这是星球生死轮回的原因。银河系就像田径器材的铁饼，直径约 10 万光年，厚约 6000 光年。银河系中约有 2000 亿颗类似太阳的恒星。它们都在围绕着银河系运行着。由于地球有热带、温带、寒带之分，根据宇宙中事物的普遍性推测，银河系内也应有类似地球的三大气候奇点区，从而导致了金星、火星和地球的生命轮回。太阳环绕银河系运行时，将穿越银河系的寒、温、热不同温度的区域。目前，整个太阳系正处在银河系的温带区内，而地球正处在生物圈内适应生命演化的最佳位置，从而出现了生命。将来，地球会让位给火星。这一切是真的吗？不得而知，还有待于进一步考证。

知识小链接

生物圈

　　生物圈，是指地球上凡是出现并感受到生命活动影响的地区，是地表有机体包括微生物及其自下而上环境的总称，是行星地球特有的圈层。它也是人类诞生和生存的空间。生物圈是地球上最大的生态系统。